科研先行，反哺教学

——生物资源综合利用科研成果转化实践教学案例库

陈仕学　　姚元勇　　主编

中国农业大学出版社
· 北京 ·

内 容 简 介

为进一步贯彻铜仁学院"山"字形人才培养模式,以培养高层次应用研究型人才为目标,本书梳理了铜仁学院生物资源综合利用与开发课题组近年来的科研成果,紧密围绕铜仁学院"地方生物资源综合利用与开发"微专业建设内容,开展"科研先行,反哺教学"的教育模式,补齐理工科综合性实践教学资源的短板,衔接中学、本科、硕士研究生相关化学(化工)、生物(制药)等专业的实践教育教学,为进一步提升现代学生的科学核心素养提供参考。本书共 4 章,分别为导论、实验方法设计、生物功能评价实验和生物资源综合利用与研究。另外,本书将理论研究方法进行教学概述,采用实际应用案例进行分析讲解,以实践教学模式,启发学生思考与创新。

图书在版编目(CIP)数据

科研先行,反哺教学:生物资源综合利用科研成果转化实践教学案例库/陈仕学,姚元勇主编. -- 北京:中国农业大学出版社,2024.4
ISBN 978-7-5655-3189-7

Ⅰ.①科⋯ Ⅱ.①陈⋯ ②姚⋯ Ⅲ.①生物资源-资源利用-教案(教育)-高等学校 Ⅳ.①Q-9

中国国家版本馆 CIP 数据核字(2024)第 042470 号

书 名	科研先行,反哺教学
	——生物资源综合利用科研成果转化实践教学案例库
作 者	陈仕学 姚元勇 主编

策划编辑	梁爱荣	责任编辑	梁爱荣 刘彦龙
封面设计	李尘工作室		
出版发行	中国农业大学出版社		
社 址	北京市海淀区圆明园西路 2 号	邮政编码	100193
电 话	发行部 010-62733489,1190	读者服务部	010-62732336
	编辑部 010-62732617,2618	出 版 部	010-62733440
网 址	http://www.caupress.cn	E-mail	cbsszs@cau.edu.cn
经 销	新华书店		
印 刷	涿州市星河印刷有限公司		
版 次	2024 年 4 月第 1 版 2024 年 4 月第 1 次印刷		
规 格	170 mm×228 mm 16 开本 14.75 印张 273 千字		
定 价	58.00 元		

图书如有质量问题本社发行部负责调换

编　委　会

主　编　陈仕学（铜仁学院）
　　　　　姚元勇（铜仁学院）

副主编　张　萌（铜仁学院）
　　　　　杨　海（铜仁学院）
　　　　　张新云（铜仁学院附属中学）
　　　　　罗会勇（铜仁市中医医院）

参　编　（按姓氏拼音排序，单位均为铜仁学院）
　　　　　陈　慧　　陈德洪　　桂丽红　　何　鲜　　黄　琪
　　　　　霍明乾　　梁光文　　罗小兵　　石　慧　　汪　霞
　　　　　王小丽　　王玉凤　　韦兴绞　　文发丽　　吴　涛
　　　　　吴琳琳　　谢清文　　杨开琴　　杨胜美　　杨再源
　　　　　姚亚梅　　张　艳　　张桂英

前　言 ●●●●

　　近年来,教育界对绿色发展战略理念的关注逐步增强,高等教育的绿色发展希望教育能够更好地服务于地方区域经济建设,助力地方产业结构调整或优化,培养适应地方新经济、新产业迅速发展的应用技术型人才。2017 年以来,教育部先后在高等工程教育发展研讨会上达成了关于加快建设和发展新工科的"复旦共识",形成"天大行动"和"北京指南"。2019 年 10 月,教育部印发的《教育部关于深化本科教育教学改革全面提高人才培养质量的意见》中,明确指出"支持学生早进课题、早进实验室、早进团队,以高水平科学研究提高学生创新和实践能力。统筹规范科技竞赛和竞赛证书管理,引导学生理性参加竞赛,达到以赛促教、以赛促学效果",这对新建地方性本科院校新工科专业设置和课程建设内容提出了新的要求。

　　本书充分结合了铜仁学院生物资源综合利用与开发课题组近年来科研成果,紧密围绕地方性本科院校新工科专业设置和课程建设要求,开展了一系列科研成果向教学内容转化的工作,以补齐理工科综合性实践教学资源的短板;同时,衔接中学、本科、硕士研究生相关化学(化工)、生物(制药)等专业的实践教育教学内容,进一步提升现代学生的科学核心素养能力。本书分为 4 章,第 1 章导论,对教学与研究的关系、科研成果转化为教学资源途径及存在问题进行分析和简略概述;第 2 章实验方法设计,主要围绕科学研究过程中涉及的单因素、正交设计及响应面优化等方法进行理论概述与应用案例分析;第 3 章生物功能评价实验,主要以前期的科研成果,如体外抗氧化功能、抗抑郁活性功能及降尿酸功能评价开展教学案例分析;第 4 章生物资源综合利用与研究,主要围绕生物资源综合利用与开发研究科研成果转化教学案例，补充生物资源在其他方面的应用案例。

本书最后附录了课题组近五年围绕着"三维一体"(注："三维一体"指课题组申请校级教改项目定位的三维度，即基础知识、科学实践、应用效应)的人才培养方式，取得的阶段性教育教学成果。

编　者

2023 年 10 月

目　录 ●●●●

第1章 导　　论

自 19 世纪初冯特·洪堡等在德国创办了柏林大学以来,"教学与研究统一"的办学理念被社会广泛地接受。1986 年,国家科委发布的《中国科学技术政策指南》中指出:"要培养出优质、顶尖的高端人才,就必须把基础研究和应用研究的底子打好,而想要打好基础研究和应用研究的底子,还得靠良好的教育来培养相关人才。"这说明了科学研究工作的开展可有效地提高人才培养质量,是各阶段创新型人才培养不可缺少的途径之一;同时,也表明了教学对科研事业发展起着源源不断的推动作用。2015 年 1 月,中共中央办公厅、国务院办公厅印发《关于进一步加强和改进新形势下高校宣传思想工作的意见》,在原有"三育人"(教书育人、管理育人、服务育人)的基础上,新增"科研育人"和"实践育人",从而形成"五育人"的格局。

近年来,"科研育人"首次正式出现在中央关于高等教育的重要指导文件中,且将人才培养始终贯穿其中。这就要求教师能及时跟踪学科发展前沿信息,把握学科发展动态,从事有价值的科学研究,将科研工作的思路、方法和进展带入教学领域,进一步丰富教学内容,实现科研反哺教学,为高校教学工作提供永不枯竭的活水源头,促进科研工作全方位、全过程、多层次服务本科教学格局的形成,切实推动教学改革、培养创新型人才、提高办学水平。2017 年,中共中央、国务院印发的《关于加强和改进新形势下高校思想政治工作的意见》也明确提出要形成教书育人、科研育人等长效机制,把全方位育人贯穿于教育教学的全过程。高校作为人才培养和科学研究的重要基地,厘清二者关系,促进融合发展,形成研教并举的教育体系至关重要。由此可见,教学和科研都是培养创新型人才的重要途径,二者相辅相成、相互促进,缺一不可。

因此,在这样的形势下,高校教师的工作已不仅仅只是传授知识,更肩负着对学生创新思维启发和创新能力培养的重任。国内高校的教育体制改革从 20 世纪 50 年代起至今不断深化推进,通过高校合并、院系调整、学科规划、专业完善等途径,国内高等教育取得了飞跃式的发展。随着国家对人才培养的要求、社会对科技创新的需要以及高校内部对教师评价机制的调整,科研与教学地位的争论日渐高涨,对二者之间的关系也是议论纷纷。当前高校科研成果与教学案例关系的争论主要有 3 种观点:①积极的(正相关);②消极的(负相关);③不相关的(零相关)。科研成果与教学之间的关系错综复杂,科研成果与教学资源之间更重要的是如何将二者进行转化,转化方式如何选择,转化效果如何检验,转化过程中可能存在的问题。

1. 途径

目前,科研成果转化为教学资源的途径主要有以下几种。

(1)将科研成果整理为教具或教学内容扩展点,面对大学生展开专题讲座。

(2)将科研成果部分内容转化为教学实验,补充实践课程中综合性实验内容。

(3)将科研成果转化为大学生创新创业项目或衍生为大学生课外科技活动。

(4)将科研成果相关知识点转化为实践教学相关课程内容。

(5)将科研成果转化进行衍生,为大学生的毕业论文提供参考。

2. 问题分析

高校科研成果转化为教学资源可能存在如下问题。

(1)个别师生对于科学成果与教学之间的转化不以为然,更有甚者将科研与教学独立出来,认为科研成果不能与教学资源进行相互转化。

(2)部分师生有一种得过且过的心态,认为自己只需要上好书本上的内容便足够了,不愿意花心思将科研成果融入教学环节中;学生认为科研成果不是课堂内容,也不会花心思去了解这些科研成果。

(3)科研过程是一个长期并且非常枯燥的过程,一个科研成果的取得也许需要花上几个月,甚至几年的时间,这个过程无疑是漫长的,而很多人在这个漫长的时间里就放弃了。

(4)科研成果大都需要拥有专业知识基础才能理解,因此在转化过程中不能照猫画虎,需要根据不同专业的具体情况转化不同的科研成果,同时也可以根据专业课、公共课、选修课的侧重点分别转化。

(5)部分地区高校自身基础条件不足,有部分高校受限于资金问题,无法购买精密仪器、药品等,实验基础设施薄弱,实验环境达不到要求,而很多科研对这些有非常严格的要求。

综上所述,本书以铜仁学院生物资源综合利用与开发课题组近年来的研究成果为基础,同时结合多年来的实践摸索,撰写了生物资源相关的科研成果向教学转化的案例库,以期为不同学习阶段下人才成长的需求提供新的教学模式。

第 2 章　实验方法设计

2.1　单因素＋正交试验设计

2.1.1　基本概念

单因素实验是指在其他因素不变的情况下,对单一实验因素进行考察,各因素间应没有交互作用,在实验中只有一个变量因素,且只分析一个因素对效应指标的影响,但单因素实验设计并不意味着该实验中只有一个因素与效应指标有关联。单因素实验设计的主要任务是逐一地观察实验中多因素单一因素中的变量对研究结果的影响。常用的方法有完全随机设计、随机区组设计和拉丁方设计等。

正交试验设计是研究多因素、多水平的一种实验设计方法。它是从大量生产实践和科学实验中总结出来的,用以提高产品的产量、质量,在研究采用新工艺、新品种,了解新设备的工艺性能,以及改进技术管理等方面,都取得了较好的效果。它解决的问题有:①合理安排多因素的实验,使实验次数尽量减少;②从实验数据中分析各因素对实验结果造成的影响,即要能分析出哪些是主要因素,哪些是次要因素,哪些是独立作用,哪些是交互作用。

2.1.2　单因素和正交试验的关系

单因素实验只有单个变量,其余影响因素保持不变,这是为了确定正交试验中的因素种类和水平。正交试验有多个变量,并且考虑了多个变量之间的互相影响。一般来说,会先做单因素实验确定正交试验的水平值范围,然后进行正交试验选出最优方案。这里值得一提的是,在进行第一个单因素实验不同梯度水平选择时,对其他因素水平如何设定一个固定值,往往采用预期最优值,一般通过查阅文献得知,但是假设该实验没有参考值,在没有进行其他单因素实验的情况下,最优值无法得知,此时需要根据文献分析确定一个最优值。

2.1.3 正交试验的特征及优势

首先,大家需要明确为什么有了单因素分析还要进一步做正交分析?因为暴露因素和结果之间可能存在相互影响,所以实验中混杂因素的控制,需根据实际研究需求决定是否控制中介变量以获取暴露因素和结果之间更准确的关联。其次,单因素分析有助于筛选正交分析所用的变量,要根据正交性从全面实验中挑选出部分有代表性的变量进行实验,这些有代表性的变量具备均匀分散、齐整可比的特点。正交试验设计是分式析因设计的主要方法,当实验涉及的因素在 3 个或 3 个以上,而且因素间可能有交互作用时,实验工作量就会变得很大,甚至难以实施。为了进一步做正交分析考虑各因素的交互影响,根据正交分析从全面实验中挑选出部分有代表性的变量进行实验,这些有代表性的变量具备均匀分散、齐整可比的特点。正交试验设计的主要工具是正交表,实验者可根据实验的因素数、因素的水平数以及是否具有交互作用等设计相应的正交表,再依托正交表的正交性从全面实验中挑选出部分有代表性的变量进行实验,可以实现以最少的实验次数达到与大量全面实验等效的结果。因此,应用正交表设计实验是一种高效、快速和经济的多因素实验设计方法。

2.1.4 单因素+正交试验设计方法

1. 标准曲线制作

根据相关文献选择相应物质为对象,根据显色反应原理测其吸光度,绘制标准曲线,标出回归方程技术提取率,用于单因素影响的最佳值筛选。

2. 单因素实验

确定第一个筛选因素,根据文献参考或文献分析确定其不同梯度选择,在其他因素固定的条件下进行提取,测其吸光值,根据标准曲线回归方程计算相同因素不同梯度的提取率,从而确定最佳值。同理,依次对各影响因素进行筛选,确定最佳值。

3. 正交试验设计

为了确定在提取过程中各因素影响的大小,对各单因素的提取功率(A)、提取时间(B)、提取温度(C)和料液比*(D)4因素对多糖提取工艺进行正交试验,并以多糖提取率为考察指标,结果见表2-1和表2-2。

表2-1　不同正交因素水平

水平	因素			
	A 提取功率 /W	B 提取时间 /min	C 提取温度 /℃	D 料液比 /(mg/L)
1	A_1	B_1	C_1	D_1
2	A_2	B_2	C_2	D_2
3	A_3	B_3	C_3	D_3

注:表中各水平对应各因素的含义:水平2表示各单因素的最佳值,水平1和3分别表示水平2(最佳值)左右两边的值。

表2-2　正交试验结果及极差分析

实验号	因素				TP 提取率 /%
	A 提取功率 /W	B 提取时间 /min	C 提取温度 /℃	D 料液比 /(mg/L)	
1	1	1	1	1	Y_1
2	1	2	2	2	Y_2
3	1	3	3	3	Y_3
4	2	1	2	3	Y_4
5	2	2	3	1	Y_5
6	2	3	1	2	Y_6
7	3	1	3	2	Y_7
8	3	2	1	3	Y_8
9	3	3	2	1	Y_9
k_1	A_{Y1}	B_{Y1}	C_{Y1}	D_{Y1}	
k_2	A_{Y2}	B_{Y2}	C_{Y2}	D_{Y2}	
k_3	A_{Y3}	B_{Y3}	C_{Y3}	D_{Y3}	
R	A_R	B_R	C_R	D_R	

注:1. 表中 A_{Y1} 代表 A 因素三个 1 水平对应的提取率之和的平均值,A_{Y2} 代表 A 因素三个 2 水平对应的提取率之和的平均值,A_{Y3} 代表 A 因素三个 3 水平对应的提取率之和的平均值;其他各因素依次类推;2. 表中 A_R 代表 A 因素 k_1、k_2、k_3 的最大值与最小值之差,其他的依次类推;通过正交试验可以得出提取的最佳工艺优化条件,通过极差 R 值可以判断影响因素的大小,这可为后期研究提供参考。

----

　*　注:科技期刊中经常使用的"料液比"一般指固态的"料"的质量与作为浸提液的"液"的体积比。本书仍沿用了"料液比",请读者注意。

4.验证性实验

为了考察上述工艺优化的稳定性,在最佳工艺条件下分别进行重复性实验5次,分别测定其提取率,并计算平均数和相对标准偏差(RSD),结果见表 2-3。

表 2-3　验证性实验结果

样品	样品质量/g	提取率/%	平均数/%	RSD/%
1	X_1	Y_1		
2	X_2	Y_2		
3	X_3	Y_3	$Y_{平均}$	RSD
4	X_4	Y_4		
5	X_5	Y_5		

注:表 2-3 可以通过正交试验小助手进行设计,验证实验中的平均数和 RSD 可以通过软件计算。

2.2　单因素＋正交试验设计应用举例

2.2.1　基于"单因素＋正交试验设计"的超声波辅助提取石阡苔茶多糖的工艺优化研究创新综合实验设计

1.科研成果简介

(1)论文名称:超声波辅助提取石阡苔茶多糖工艺的优化

(2)作者:陈仕学、王岚、代鸣、等

(3)发表期刊及时间:湖北农业科学,2014 年,中文核心期刊

(4)发表单位:铜仁学院

(5)基金资助:无

(6)研究图文摘要:

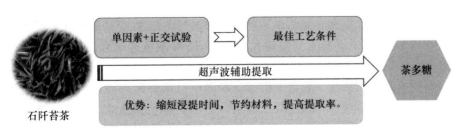

为了研究石阡苔茶多糖的最佳提取工艺条件，采用超声波辅助提取，结合单因素和正交试验进行研究。

实验结果表明：当茶多糖优化提取条件为乙醇体积分数 40%，超声功率 100 W，浸提时间 30 min，料液比 1：40 （g/mL）时，茶多糖平均提取率可达到 4.92%，RSD 为 0.42%。由此得知，采用此法既缩短了浸提时间，节约了材料，又提高了石阡苔茶多糖的提取率。

2.教学案例概述

石阡苔茶[*Camelliasinensis*（L）O. Ktze]是贵州省石阡县当地茶农长期栽培选育形成的一个地方性品种，母树属古茶树系列。茶叶中含有多种有益人体健康的有效成分，如茶多糖、茶多酚、咖啡因、茶氨酸等。多糖是继茶多酚后从茶叶中提取出来的、具有多种生物活性、组分比较复杂的天然活性物质。多糖具有增强免疫力、降血脂、降血糖、抗辐射等功效，广泛应用于食品、医药、保健等领域。开展本实验课程内容是为了让学生学会紫外-分光光度计使用方法和数据分析处理方法，同时，也助于学生将已学的相关理论课程（如仪器分析、有机化学等）紧密联系起来，提高学生理论与实际结合的应用能力，激发他们对科研工作的学习兴趣。更重要的是，本实验设计了几个不同因素影响实验结果，以提高学生思考问题、解决问题的能力。将超声波辅助提取与常规提取法相比，超声波辅助提取可缩短提取时间，提高提取效率。本实验的主要内容包括：①葡萄糖标准曲线绘制；②对提取所需的料液比、提取剂乙醇体积分数、超声时间、超声功率等开展单因素实验；③结合各单因素的最佳值设计正交试验因素水平表，开展探索正交试验提取的最佳工艺优化条件。

3.实验目的

(1)了解石阡苔茶多糖的含量。
(2)掌握石阡苔茶多糖的超声提取方法。
(3)掌握石阡苔茶多糖的超声提取工艺优化条件。

4.实验原理与技术路线

(1)实验原理　超声波辅助法是利用超声波产生高速、强烈的空化效应和搅拌作用，破坏细胞壁，使溶剂充分渗透到细胞中，既可缩短提取时间，又可提高提取效率。

(2)技术路线　选材→脱脂→烘干→粉碎→过筛→超声浸提→抽滤→脱蛋白（氯仿：正丁醇＝3：1）→离心,取上清液→活性炭脱色→抽滤→定容→测其吸光度(图 2-1)。

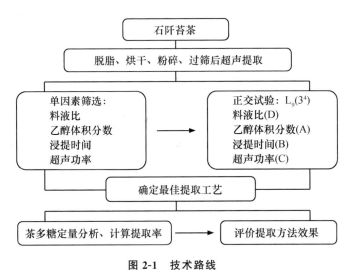

图 2-1　技术路线

5.材料、试剂与仪器

(1)材料预处理　石阡苔茶,购于贵州省铜仁市石阡苔茶专卖店,乙酸乙酯浸泡 3.5 h 脱脂处理,用蒸馏水冲洗至无味,60℃烘干,备用。

(2)试剂　实验试剂见表 2-4。

表 2-4　实验试剂

实验试剂	生产厂家
葡萄糖(99%)	天津市恒兴化学试剂制造有限公司
苯酚(5%)	—
铝片(99%)	—
NaHCO_3(99%)	—
浓硫酸(95%)	成都金山化学试剂有限公司
无水乙醇(99.5%)	天津市富宇精细化工有限公司
乙酸乙酯(99%)	山东鑫宇航精细化工有限公司

(3)仪器　实验仪器见表 2-5。

表 2-5　实验仪器

实验仪器	规格型号	生产厂家
新世纪型紫外-分光光度计	T6	北京普析通用仪器有限责任公司
台式超声波清洗器	SG5200HPT	上海冠特超声仪器有限公司
电热恒温水浴锅	HH—S6	北京科伟永兴仪器有限公司
小型高速粉碎机	—	
电热鼓风干燥箱	101—3	北京科伟永兴仪器有限公司
循环水式真空泵	SHZ—D(Ⅲ)	巩义市予华仪器有限责任公司
电子天平	AR124CN	奥豪斯仪器(上海)有限公司
离心沉淀机	80—2	常州市金坛区中大仪器厂

6. 实验步骤

(1)样品溶液配制　准确称取 1.0 g 茶粉,放于 100 mL 锥形瓶中,加入一定量乙醇,超声波辅助提取一定时间,真空抽滤,取滤液用氯仿-正丁醇混合液脱蛋白,3000 r/min 离心 20 min,取上清液,用活性炭脱色,过滤,滤液定容,备用。

(2)葡萄糖标准溶液配制　准确称取 20 mg 葡萄糖于烘箱中 105 ℃下干燥至恒重,加去离子水溶解,定容至 200 mL,即得 0.1 mg/mL 葡萄糖标准溶液。用移液管准确移取葡萄糖标准溶液 0.01、0.02、0.04、0.06、0.08 mL,分别置于 20 mL 试管中,用去离子水补足至 2.0 mL,然后加入 1.0 mL 5% 的苯酚溶液,在冰浴中缓慢加入 6.0 mL 浓硫酸,摇匀,沸水浴加热 20 min,立即冰水浴冷却至室温。以去离子水为空白对照,在 490 nm 处测其吸收值(OD 值)。以葡萄糖含量为横坐标,吸光度为纵坐标,绘制标准曲线,如图 2-2 所示。根据标准曲线回归方程计算茶多糖的提取率。

由图 2-2 可知:提取率 $=[(A-0.001)/15.39 \times V/M/1000] \times 100\%$,式中,$A$ 为吸光度;M 为称取的茶粉质量(g),V 为浸提液体积(mL)。

(3)单因素实验　分别准确称取茶粉 1.0 g,以乙醇为浸提溶剂,对料液比 1∶35、1∶40、1∶45、1∶50 和 1∶55 (g/mL),乙醇体积分数 35%、40%、45%、50% 和 55%,浸提时间 10、20、30、40、50 和 60 min 和超声功率 60、80、100、120 和 140 W 进行单因素实验研究。

(4)正交试验　为了确定在提取过程中各因素的影响,对单因素中料液比 (A)、乙醇体积分数(B)、浸提时间(C)和超声功率(D)采用 $L_9(3^4)$ 进行正交试验,

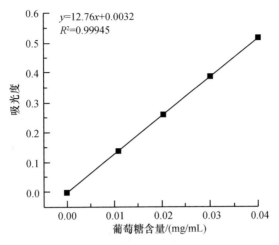

图 2-2　葡萄糖标准曲线

得出超声辅助提取茶多糖的最佳工艺参数。正交因素水平见表 2-6。

表 2-6　正交因素水平

水平	因素			
	A 料液比/(g/mL)	B 乙醇体积分数/%	C 浸提时间/min	D 超声功率/W
1	1∶40	35	20	80
2	1∶45	40	30	100
3	1∶50	45	40	120

(5)数据分析　采用 Microsoft Excel 2013 和 SPSS 16.0 软件进行数据处理和图表绘制。

7. 结果与分析

(1)单因素实验

①料液比影响。从图 2-3 可知,在料液比小于 1∶45 (mg/L)时,随着料液比增加,茶多糖提取率上升趋势很小,之后随料液比的增加,提取率反而呈下降趋势,这可能是因为多糖溶出量达到平衡状态,过多的溶剂反而会造成茶多糖损失。因此,可选择 1∶45 (mg/L)为最佳料液比。

②乙醇体积分数影响。从图 2-4 可以看出,当乙醇体积分数小于 40%时,多糖提取率较低;当乙醇体积分数为 40%时,提取率达到最大,之后随着乙醇体积分数增加反而呈明显的下降趋势。这是因为随乙醇体积分数的增加,茶多糖的溶解

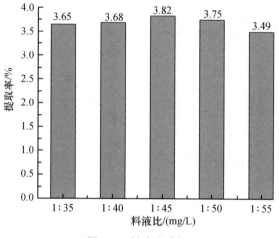

图 2-3　料液比选择

度增加，当乙醇体积分数超过 40％时，可能因为溶液极性增强导致茶多糖溶解度下降。因此，可选择 40％为最佳乙醇体积分数。

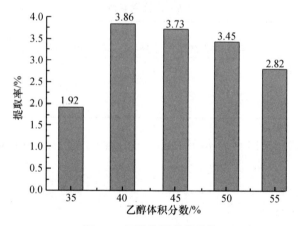

图 2-4　乙醇体积分数选择

③浸提时间影响。从图 2-5 可知，随着浸提时间的延长，提取率逐渐增大，当浸提时间达到 30 min 时，茶多糖提取率达到最大；之后随着浸提时间的延长，多糖提取率有下降趋势。这可能是由于浸提时间太短，多糖提取不充分，浸提时间太长，导致多糖反而降解。所以，可选择 30 min 为最佳浸提时间。

④超声功率影响。由图 2-6 可看出，当超声功率小于 100 W 时，随着超声功率

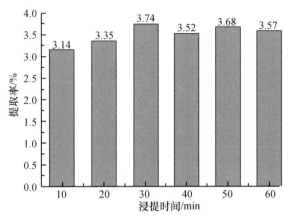

图 2-5 浸提时间选择

的增大,提取率逐渐增加;当超声功率为 100 W 时,多糖提取率达到最大;之后随着超声功率的增大,提取率呈下降趋势,这可能是由于超声功率过高,导致多糖发生降解作用。因此,可选择 100 W 为最佳超声功率。

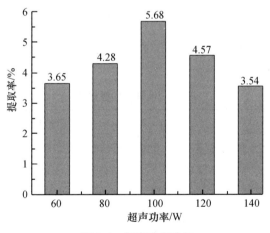

图 2-6 超声功率选择

(2)正交试验结果 由表 2-7 可看出,4 个因素对石阡苔茶多糖提取率的影响依次为:乙醇体积分数>超声功率>浸提时间>料液比。正交优化条件为 $A_1B_2C_2D_2$,即料液比为 1:40 (g/mL)、乙醇体积分数为 40%、浸提时间为 30 min、超声功率为 100 W。

表 2-7　正交试验结果

实验号	因素				TP 提取率 /%
	料液比 A /(mg/L)	乙醇体积 分数 B/%	浸提时间 C /min	超声功率 D /W	
1	1	1	1	1	4.36
2	1	2	2	2	4.58
3	1	3	3	3	4.07
4	2	1	2	3	4.87
5	2	2	3	1	4.73
6	2	3	1	2	4.82
7	3	1	3	2	4.19
8	3	2	1	3	4.51
9	3	3	2	1	4.66
k_1	4.583	4.337	4.473	4.563	
k_2	4.530	4.807	4.607	4.703	
k_3	4.483	4.453	4.517	4.330	
R	0.100	0.470	0.134	0.373	

（3）验证性实验　为了考察上述工艺的稳定性，在最佳工艺条件下，重复实验 5 次。结果见表 2-8。

表 2-8　验证性实验结果

样品	样品质量/g	TP 提取率/%	平均数/%	RSD/%
1	1.0000	4.90		
2	1.0001	4.95		
3	1.0001	4.91	4.916	0.4218
4	1.0002	4.92		
5	0.9999	4.90		

由表 2-8 可知：在该工艺条件下，得到的石阡苔茶多糖平均提取率为 4.916%，比正交试验中的任何一组值都要高，且 RSD 为 0.4218%，说明该工艺稳定、可行。

（4）不同提取方法效果比较　在最佳工艺条件下，将常规提取法与超声波辅助提取法的提取效果进行比较，结果见表 2-9。

表 2-9　常规提取与超声辅助提取比较

方法	因素			
	乙醇体积分数/%	浸提时间/min	料液比/(g/mL)	提取率/%
常规提取法	40	150	1:55	3.17
超声辅助提取法	40	30	1:40	4.92

在乙醇体积分数相同(40%)的情况下,2种方法提取所需浸提时间、料液比和提取率均有所不同,具体见表2-9。因此,在提取石阡苔茶多糖时最好选择超声波辅助提取法,这样既缩短时间,又节省原料。

8.结论

本实验以地方特色生物资源石阡苔茶为原料,采用超声波辅助法进行葡萄糖标准曲线制作,从料液比、乙醇体积分数、浸提时间、超声功率4个因素探索提取茶叶多糖的最佳提取工艺条件,并与常规方法进行比较,得出该提取工艺具有稳定性好、重复性好、耗时短、提取率高等特点,将其用于实践,可提高学生的科学核心素养、创新能力及分析问题和解决问题的能力。因此,可在地方院校新工科化工专业或制药工程专业等高年级本科生中开设此实验。通过此类探究性实验的开展,引导学生了解化工与制药学科的前沿知识,提高学生的实验技能和科学素养。本实验的开展可为地方院校新工科专业课程内容建设提供示范案例,也可为教师科研成果转化为实践教学提供重要的途径参考。

9.参考文献

[1] 鲁道旺,沈正雄,李鑫,等.石阡苔茶茶多酚醇提取工艺的优化[J].贵州农业科学,2012,40(1):132-134.

[2] 尹杰,牛素贞,刘进平,等.贵州石阡苔茶生化成分分析[J].浙江农业学报,2013,25(2):259-261.

[3] 崔宏春,余继忠,黄海涛,等.茶多糖的提取及分离纯化研究进展[J].茶叶,2011,37(2):67-71.

[4] 罗玲,周斌星,郭威,等.茶多糖的提取及其生理活性的研究新进展[J].安徽农业科学,2012,40(27):13592-13594.

[5] 王在贵,刘朝良,杨世高,等.茶多糖的提取与初步纯化[J].中国饲料,2008,(10):38-40+44.

[6] 李粉玲,蔡汉权,林杰.超声波法提取凤凰茶多糖的研究[J].中国酿造,2011,(10):104-107.

[7] 王超,施晓云,祁杨.茶多糖提取及其稳定性研究[J].江苏科技大学学报

（自然科学版），2011，25(2)：187-190.

[8] 赵二劳，李满秀，梁兴红.超声波提取南瓜多糖的研究[J].声学技术，2008，(1)：58-60.

[9] 褚立军，但飞君，鄢文芳，等.超声波提取白根独活多糖工艺研究[J].安徽农业科学，2010，38(12)：6216-6217，6230.

[10] 高峰，于亚莉，刘静波，等.超声波提取北冬虫夏草多糖的工艺[J].食品研究与开发，2010，31(16)：107-110.

10.硕士研究生实践教学组织、建议、思考与创新

(1)教学组织　本实验可面向材料与化工工程硕士专业生物化工研究方向的学生开设，共分为 4 组，每组 1~2 人，共 16 学时，分 4 次课完成。实验内容安排如下。

①葡萄糖标准曲线制作(2 学时)；

②茶叶多糖的单因素实验(2 学时)；

③最佳提取工艺条件优化(4 学时)；

④验证性实验(2 学时)；

⑤得到的茶叶多糖提取物开展对 XOD 降尿酸活性探索(6 学时)。

(2)教学建议

①建议学生课前查阅茶叶中已知化学成分、相关结构式和生物酶 XOD 的活性位点；

②建议学生课前了解茶叶多糖的提取、分离及鉴定方法；

③建议学生讨论影响生物酶的相关因素，结合酶催化反应分析可能存在的结合位点。

(3)思考与创新

①茶叶多糖在体外 XOD 生物活性上的差异性可能是什么因素导致的？

②茶叶多糖与酶相结合后，如何确定它们的结合方式和结合位点？

③茶叶多糖与其他类似物是否具有相同生物活性？

④茶叶多糖与 XOD 结合是否具有抑制酶活性作用？

11.本科生课程教学组织、建议、思考与创新

(1)教学组织　本实验可面向新工科专业(化工、制药、食品等专业)的高年级(二年级以上)本科学生开设，共分为 4 组，每组 4~5 人，共 12 学时，分别进行以下实验内容。

①葡萄糖标准曲线绘制(2 学时)；

②茶叶多糖单因素实验(2学时);

③茶叶多糖正交试验,最佳工艺条件优化(4学时);

④茶叶多糖提取工艺验证实验(2学时);

⑤常规、超声、微波等不同提取方法对比(2学时)。

(2)教学建议

①建议学生分组完成;

②建议采用水、醇提取进行对比;

③建议学生课前查阅相关文献,了解茶叶有效成分的作用,多糖的提取方法、成分鉴定及含量测定方法;

④建议教师在课前准备茶多糖实物或图片供学生观察学习,增加感性认识。

(3)思考与创新

①学生通过单因素和正交试验方法设计茶叶多糖提取物的制备实验,筛选出较优的因素组合,实现茶叶多糖提取物的工艺优化;

②茶叶作为人们常用生活饮品之一,其有效成分是否具有降尿酸作用值得探索,同时探索与其类似的物质是否也具有相同或更加优异的生物活性;

③人体高尿酸的成因与哪些因素有关,可组织学生开展问卷调研分析,如记录身边患高尿酸的亲戚或朋友,了解他们的生活习惯(饮食、作息时间、运动类型及时间等),并加以分析,撰写调研报告和指导意见。

12.中学生课外活动教学组织、建议、思考与创新

(1)教学组织　本实验可面向中学化学(初级和高级中学)学生开设科技创新课外活动课程,指导学生课后如何开展青少年科技创新活动。共分为4组,每组3~4人,共8学时,实验内容如下。

①葡萄糖标准曲线绘制(2学时);

②单因素和正交试验,优化最佳提取工艺条件(4学时);

③对最佳提取工艺条件进行验证实验(2学时)。

(2)教学建议

①建议指导教师在实验活动前,给学生介绍实验的原理和目的,尽量结合生活案例进行讲解,如高尿酸血症、痛风等相关内容;

②建议在学生做实验前,指导教师先进行预实验,了解实验过程中存在哪些关键步骤和要素,并撰写适合中学生实验的设计方案;

③在指导教师的协助下,学生参考教学案例完成茶叶多糖的提取,计算提取

率,对实验中存在的问题进行讨论,分析可能存在的原因。

（3）思考与创新

①在提取茶叶多糖时如何测定其含量或提取率?

②与其他提取方法进行比较,提取率有何不同?

③思考如何提高茶叶多糖的提取率?

2.2.2 基于"单因素＋正交试验设计"的超声波辅助提取阳荷多糖的工艺研究创新综合实验设计

1.科研成果简介

（1）论文名称:超声波辅助提取阳荷多糖的工艺研究

（2）作者:陈仕学,邱岚,王红梅

（3）发表期刊及时间:食品工业,2013 年,中文核心期刊

（4）发表单位:铜仁学院

（5）基金资助:贵州省教育厅特色实验室建设项目"梵净山特色动植物资源重点实验室"[黔教合 KY(2011)232];贵州省高等学校重点支持学科项目"野生动植物保护与利用"[黔教合重点支持学科字(2011)232];铜仁学院院级科研启动项目[2011(TS1121)]

（6）研究图文摘要:

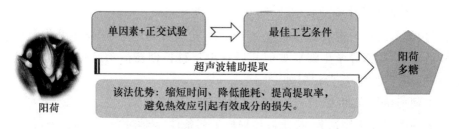

阳荷为食药同源的膳食纤维蔬菜,可食用,也可药用,含有蛋白质、氨基酸及丰富的膳食纤维素多糖,是值得关注的研究对象。阳荷中的纤维素多糖营养价值很高,是一种不产生热量且对人体有益的多糖类物质。本文以本地野生阳荷为研究对象,以阳荷多糖的提取率为考察指标,探讨提取功率、提取温度、提取时间和料液比等因素对多糖提取率的影响,采用正交试验法优化提取工艺条件。实验结果表明,阳荷多糖的最佳超声提取工艺条件为:料液比 1∶35 （mg/L）,提取温度 70 ℃,提取时间 30 min,超声功率 100 W,在此条件下,通过实验验证阳荷多糖提

取率为 8.18％,为后期研究奠定基础。

2.教学案例概述

阳荷(*Zingiber striolatum*),俗称野姜、野老姜等,属姜科姜属,多年生草本植物,是一种营养价值很高的食药同源的膳食纤维蔬菜,分布于四川、贵州、广西、湖南等地,富含蛋白质、氨基酸及丰富的膳食纤维素多糖。现代药理研究表明,多糖能增强生物体免疫调节作用,具有降血糖、降血脂、抗衰老以及抗凝血等功效;还具有活血调经、镇咳祛痰、消肿解毒等功效。对外可治皮肤风疹、跌打损伤等症。因此,对多糖的研究具有十分重要的应用价值。近年来超声波技术在天然产物成分提取领域得到了很大发展和应用。超声波辅助提取多糖能明显降低提取温度、缩短提取时间、提高提取率,且对提取产物的结构和性质没有影响。本综合性实验课程内容可促使学生掌握仪器分析中的紫外-分光光度计的使用方法和数据分析处理方法,同时,也有助于学生将已学的相关理论课程(如仪器分析、有机化学等)与实际应用紧密联系,激发学生对科学研究的兴趣。本实验的主要内容有:①葡萄糖标准曲线绘制;②单因素和正交试验;③验证性实验。

3.实验目的

(1)了解阳荷多糖的含量;

(2)掌握阳荷多糖的超声提取方法;

(3)熟悉阳荷多糖的超声提取工艺优化条件。

4.实验原理与技术路线

(1)实验原理　超声波辅助提取法是利用超声波产生高速、强烈空化效应和搅拌作用,破坏细胞壁,使溶剂易于渗透到细胞内,这样可缩短提取时间,提高提取率。

(2)技术路线　阳荷→烘干(60 ℃)→粉碎→去色素→热水浸提→冷却至室温→抽滤→无水乙醇沉淀(24 h)→离心(4000 r/min,20 min)→去上清液→粗多糖→苯酚溶液溶解(5％,1.0 mL)→冰水浴中缓慢加入浓硫酸(5 mL)→摇匀→沸水浴加热(20 min)→冷却至室温→测定吸光度(图 2-7)。

5.实验试剂与仪器

(1)实验试剂　实验试剂见表 2-10。

(2)实验仪器　实验仪器见表 2-11。

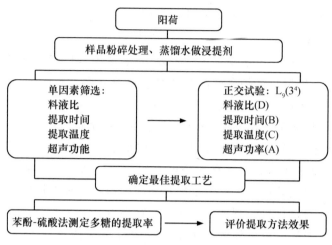

图 2-7　技术路线

表 2-10　实验试剂

实验试剂规格型号	生产厂家
固体氢氧化钠(98%)	天津市大茂化学试剂厂
无水乙醇(99%)	天津市富宇精细化工有限公司
乙醇(95%)	天津市富宇精细化工有限公司
葡萄糖(50%)	天津市恒兴化学试剂制造有限公司
盐酸(37%)	成都金山化学试剂有限公司
浓硫酸(98%)	成都金山化学试剂有限公司
重蒸苯酚(99%)	北京宝莱科技有限公司
水杨酸(98%)	四川省维克奇生物科技有限公司
蒸馏水	—

表 2-11　实验仪器

实验仪器	规格型号	生产厂家
台式超声波清洗器	SG5200HPT	上海冠特超声仪器有限公司
新世纪型紫外-分光光度计	T6	北京普析通用仪器有限责任公司
电热鼓风干燥箱	101-3	北京科伟永兴仪器有限公司
循环水式真空泵	SHZ-D(Ⅲ)	巩义市予华仪器有限责任公司
电子天平	AR124CN	奥豪斯仪器(上海)有限公司
离心沉淀机	80-2	常州市金坛区中大仪器厂
数显恒温水浴锅	HH-S6	北京科伟永兴仪器有限公司

6. 实验步骤

称取一定量的阳荷粉末,用蒸馏水作为浸提剂,采用超声波辅助提取,以葡萄糖为对照品,绘制标准曲线;采用苯酚-硫酸法测定多糖的提取率,通过单因素和正交试验分析不同影响因素(提取功率、温度、料液比、时间)对阳荷多糖提取率的影响,得出提取的最佳工艺优化条件。

(1)单因素实验　用蒸馏水作为溶剂,料液比为 1：25、1：30、1：35、1：40 和 1：45 (mg/L);超声时间为 10、20、30、40 和 50 min;超声温度为 30、40、50、60 和 70 ℃;超声功率为 80、100、120、140 和 160 W 下进行单因素实验,并对 4 个因素进行正交试验,通过正交分析,筛选出最佳提取工艺参数。

(2)正交试验　为了确定在提取过程中各因素的影响,对单因素中料液比(A)、超声时间(B)、超声温度(C)、超声功率(D)采用 $L_9(3^4)$ 进行正交试验,得出超声辅助提取阳荷多糖的最佳工艺参数。正交因素水平见表 2-12。

表 2-12　正交因素水平

水平	因素			
	A 料液比/(mg/L)	B 超声时间/min	C 超声温度/℃	D 超声功率/W
1	1：30	20	50	80
2	1：35	30	60	100
3	1：40	40	70	120

(3)数据处理和图表绘制　分别用 Microsoft Excel 2013 和 SPSS 16.0 进行处理。

7. 结果与分析

(1)葡萄糖标准曲线的制作　准确称取 10 mg 葡萄糖标准品,105℃烘干至恒重,放于 100 mL 容量瓶中,蒸馏水溶解,定容至刻度线,搅拌均匀,得到 0.1 mg/mL 葡萄糖标准溶液。精密移取该溶液 0、0.05、0.1、0.2、0.4、0.6、0.8 mL 于试管中,加蒸馏水至 2 mL,并加入 5% 的苯酚溶液 1.0 mL,在冰水浴中加入浓硫酸 5 mL,加完混合均匀,沸水浴加热 20 min,冷却至室温。以溶剂为空白对照,在 490 nm 处测定吸光度,以吸光度 A 为纵坐标,质量浓度 c(mg/mL)为横坐标,绘制标准曲线(图 2-8)。回归方程为：$A = 0.92143x - 0.00238$；$R^2 = 0.99973$。

由此得出多糖提取率 $= [(A - 0.0003)/1.0044 \times 10 \times V/m/1000] \times 100\%$。式中,$A$ 为吸光度,m 为称取的阳荷质量(g),V 为浸提液体积(mL)。

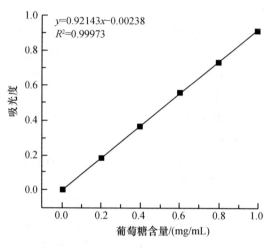

图 2-8　葡萄糖标准曲线

（2）单因素实验

①料液比影响。准确称取 5 份各 1.0 g 阳荷粉末，在超声功率 140 W、超声温度 60 ℃、超声时间 30 min 条件下，分别对料液比 1∶25、1∶30、1∶35、1∶40 和 1∶45（mg/L）进行筛选，在波长 490 nm 处测定吸光度，代入标准曲线方程求出多糖的提取率，结果见图 2-9。

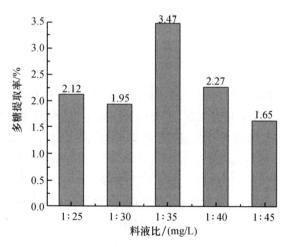

图 2-9　料液比选择

由图 2-9 可知,料液比为 1：(25～35)（mg/L）时,阳荷多糖提取率随着料液比的增加而增大。在料液比为 1：35（mg/L）时,提取率达到最大值,之后,提取率随料液比增大而降低。由此,可确定最佳料液比为 1：35（mg/L）。

②超声时间影响。准确称取 5 份各 1.0 g 阳荷粉末,在超声功率 140 W、提取温度 60 ℃、料液比为 1：35（mg/L）条件下,分别对超声时间 10、20、30、40 和 50 min 进行筛选,在波长 490 nm 处测定吸光度,代入标准曲线回归方程求出多糖的提取率,结果见图 2-10。

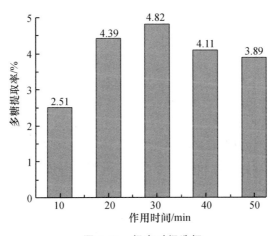

图 2-10 超声时间选择

由图 2-10 可知,超声时间小于 30 min 时,多糖提取率随时间延长而增加,在 30 min 时达到最大值;在 30 min 后,提取率随时间延长逐渐降低。这可能是因为提取时间过短,多糖未能有效溶出;时间过长,液体过热,多糖分子在超声作用下发生破坏和降解。由此,选择最佳超声时间为 30 min。

③超声温度影响。准确称取 5 份各 1.0 g 阳荷粉末,在超声波功率 140 W、料液比 1：35（mg/L）、提取时间 30 min 条件下,分别对超声温度 30、40、50、60、70℃进行筛选,在波长 490 nm 处测定吸光度,代入标准曲线方程求出多糖的提取率,结果见图 2-11。

由图 2-11 可知,开始时随着温度的升高,阳荷多糖提取率升高,温度在 50 ℃时达到最大值,而后随温度的继续升高提取率下降。可能原因为,随着温度升高多糖结构遭到破坏,部分多糖被分解,说明提取阳荷多糖时温度不宜过高。由此,选择最佳超声温度为 50 ℃。

④超声功率影响。准确称取 5 份各 1.0 g 阳荷粉末,在料液比 1：35（mg/L）、

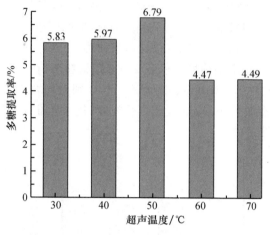

图 2-11　超声温度选择

提取温度 50 ℃、提取时间 30 min 条件下，分别对超声功率 80、100、120、140 和
160 W 进行筛选，在波长 490 nm 处测定吸光度，代入标准曲线回归方程求出多糖
的提取率，结果见图 2-12。

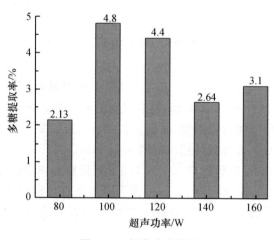

图 2-12　超声功率选择

　　由图 2-12 可知，随着超声功率的增加，提取率也随之增加。当功率升高到
100 W 时，高密度涡流和大气泡的产生增加，介质的物理和化学作用增强，提取率
增加；但当功率超过 100 W 时，提取率开始降低。这是因为当超声功率过高时，产

生的高密度涡流和大气泡将使得产物分子的结构发生变化,导致一些有效成分损失,从而使提取率降低。由此,选择100 W为最佳提取功率。

(3)正交试验　为了确定各因素对多糖提取率影响的大小,对各单因素的料液比(A)、超声时间(B)、超声温度(C)和超声功率(D)4因素得到的单因素实验,对多糖提取工艺进行正交试验,以多糖提取率为考察指标,结果见表2-13。

表 2-13　正交试验结果及极差分析

实验号	因素				TP 提取率 /%
	A 料液比 /(mg/L)	B 超声时间 /min	C 超声温度 /℃	D 超声功率 /W	
1	1	1	1	1	3.70
2	1	2	2	2	4.23
3	1	3	3	3	5.19
4	2	1	2	3	3.08
5	2	2	3	1	7.70
6	2	3	1	2	3.67
7	3	1	3	2	4.51
8	3	2	1	3	2.73
9	3	3	2	1	3.35
k_1	4.373	3.763	3.367	4.917	
k_2	4.817	4.887	3.553	4.137	
k_3	3.530	4.070	5.800	3.667	
R	1.287	1.124	2.433	1.250	

由表2-13可知,影响超声波提取阳荷多糖因素的主次顺序为:超声温度(C)>料液比(A)>超声功率(D)>超声时间(B),超声提取的最佳工艺优化条件为$A_2B_2C_3D_1$,即料液比1∶35(mg/L)、超声时间30 min、超声温度70 ℃、超声功率100 W。

(4)验证性实验　为了考察上述工艺的稳定性,按该工艺的最佳工艺优化条件$A_2B_2C_3D_1$进行5次重复实验,分别测定吸光度,计算多糖提取率。实验结果见表2-14。

从表2-14得到,在此工艺条件下,多糖平均提取率为8.18%,RSD为0.62%,优于正交试验中的任何一组,说明该工艺稳定。

表 2-14　验证性实验结果

样品	样品质量/g	多糖提取率/%	平均值/%/	RSD/%
1	1.0001	8.19		
2	1.0000	8.24		
3	1.0001	8.11	8.18	0.62
4	1.0000	8.15		
5	1.0001	8.21		

8. 结论

本文以阳荷为实验材料，通过单因素和正交试验探索工艺优化条件；也是前期教师科研成果内容的教学转化。整个实验过程主要包括葡萄糖标准曲线制作、单因素和正交试验、验证性实验。该法既缩短提取时间、降低能耗、提高产品得率，同时还避免了热效应引起的有效成分结构变化、损失及生理活性的降低。同时，通过本实验得知，温度对提取率的影响最大，其次是超声时间和超声功率，而料液比的影响较小。最佳工艺优化条件为：料液比 1∶35 mg/L，超声提取温度 70 ℃，超声提取时间 30 min，超声提取功率 100 W，提取率为 8.18%；验证实验表明该工艺稳定，也为后期研究提供了一定的理论依据。

9. 参考文献

[1] 朱玉昌,周大寨,彭辉. 阳荷红色素的提取及稳定性研究[J]. 食品科学, 2008,29(8):293-297.

[2] 陈仕学,陈美航,沈家国,等. 梵净山野生阳荷红色素成分研究[J]. 安徽农业科学,2012,40(2):763-764+771.

[3] 解成骏,刘邻渭,李洪潮. 阳荷红色素的提取工艺及稳定性研究[J]. 食品研究与开发,2010,31(12):284-288.

[4] 谷维娜,肖颖,牟薇,等. 超声波提取柿叶多糖的研究[J]. 河北农业科学, 2010,14(3):157-158+161.

[5] 王桓,潘杨,敬思群. 超声强化提取喀什小枣多糖的工艺研究[J]. 食品研究与开发,2009,30(11):40-43.

[6] 浦跃武,王金金. 超声波提取玛咖多糖的工艺研究[J]. 食品科技,2010, 35(3):174-177.

[7] 孟宪军,田丰. 无梗五加果实多糖超声波提取条件的优化[J].2009,30 (2):8-11.

[8] 陈仕学,郁建平. 梵净山野生阳荷红色素的提取及理化性质研究[J]. 山地农业生物报,2010,29(5):432-439.

[9] 刘旭辉,姚丽,覃勇荣,等. 豆梨多糖提取工艺条件的初步研究[J]. 食品科技,2011,36(3):159-163.

[10] 孙莹,纪跃芝,马爱民,等. 水提-醇沉法提取大黄多糖工艺优化研究[J]. 中国实用医药,2010(18):6-8.

[11] 许燕燕. 植物多糖的提取方法和工艺[J]. 福建水产,2006,(3):32-36.

[12] 胡爱军,郑捷. 食品工业中的超声提取技术[J]. 食品与机械,2004,20(8):57-60.

[13] 高峰,于亚莉,刘建波,等. 超声波提取北冬虫夏草多糖的工艺[J]. 食品研究与开发,2010,31(6):107-110.

10.硕士研究生实践教学组织、建议、思考与创新

(1)教学组织　本实验可面向材料与化工工程硕士专业生物化工研究方向的学生开设,共分为4组,每组1～2人,共16学时,分4次课完成。实验内容安排如下。

①葡萄糖标准曲线制作(2学时);

②超声辅助提取的工艺优化(6学时);

③最佳工艺优化条件的验证(2学时);

④阳荷多糖降尿酸活性探索(6学时)。

(2)教学建议

①建议学生提前查阅文献资料,了解阳荷分布、有效成分多糖的作用、提取和分离方法;

②建议学生讨论影响生物酶的因素,并结合酶催化反应分析可能存在的结合位点。

(3)思考与创新

①分析可能导致阳荷多糖在体外黄嘌呤氧化酶生物活性上的差异性的因素;

②阳荷多糖与酶相结合后,如何确定它们的结合方式和结合位点;

③阳荷多糖与其他类似物是否具有相同的生物活性;

④阳荷多糖与黄嘌呤氧化酶结合是怎么实现酶活性抑制作用的。

11.本科生课程教学组织、建议、思考与创新

(1)教学组织　本实验可面向新工科专业(化工、制药、食品工程专业)的高年级(二年级以上)本科学生开设,共分为4组,每组4～5人,共12学时,分别进行以

下实验内容。

①葡萄糖标准曲线制作(3学时)；

②阳荷多糖单因素、正交试验进行提取工艺优化(7学时)；

③阳荷多糖提取工艺验证实验(2学时)。

(2)教学建议

①建议学生分组协助完成；

②建议采用水、醇提取对比；

③建议教师在课前准备实物或图片供学生学习,增加感性认识；

④建议教师查阅相关文献让学生知道阳荷中的有效成分,讲解各有效成分的作用以及对人体的作用,更加突出阳荷多糖的作用；

⑤建议教师向学生介绍提取阳荷多糖的方法,讨论如何有效提高提取率。

(3)思考与创新

①在提取阳荷多糖时如何测定其含量或提取率？

②超声提取与其他提取方法比较有何不同？

③如何提高阳荷多糖的提取率？

12. 中学生课外活动教学组织、建议、思考与创新

(1)教学组织 本实验可面向中学化学(初级和高级中学)学生开设科技创新课外活动课程,指导学生课后如何开展青少年科学创新活动。实验内容可分为4组,每组3~4人,共8学时,实验内容如下。

①葡萄糖标准曲线制作(2学时)；

②阳荷多糖的单因素实验(4学时)；

③阳荷多糖提取的验证实验(2学时)。

(2)教学建议

①实验活动前,建议指导教师给学生介绍实验的原理和目的,尽量结合生活案例进行讲解,如高尿酸、痛风等相关内容；

②建议在进行阳荷多糖提取时,讨论不同提取方式对多糖提取物含量的影响,如常规浸提法、微波辅助提取、索氏提取、超声辅助提取等；

③建议在学生做实验前,指导教师先进行预实验,使学生了解清楚实验过程中存在的关键步骤和要素,并撰写适合中学生实验的设计方案；

④在指导老师的协助下,学生参考教学案例完成阳荷多糖的提取,计算提取率,对实验中存在的问题进行讨论,分析可能存在的原因。

(3)思考与创新

①学生可通过单因素和正交试验方法设计阳荷多糖提取物的制备实验,筛选

出较优的因素组合,实现阳荷多糖提取物的工艺优化;

②阳荷作为药食同源的代表之一,是否具有降尿酸作用值得探索,并探索与其类似的物质是否也具有相同或更加优异的生物活性;

③人体高尿酸的成因与哪些因素有关,可组织学生开展实地调研分析,如记录身边患高尿酸的亲戚或朋友的生活习惯(饮食、作息时间、运动类型及时间等),并加以分析,撰写调研报告和指导意见。

2.2.3 基于"单因素+正交试验设计"的微波辅助提取石阡苔茶多糖的工艺优化及稳定性研究创新综合实验设计

1.科研成果简介

(1)论文名称:微波辅助提取石阡苔茶多糖的工艺优化及稳定性研究

(2)作者:陈仕学,周曾艳,田艺,等

(3)发表期刊及时间:食品工业,2014年,中文核心期刊

(4)发表单位:铜仁学院

(5)基金资助:铜市科研(2012)63号-23;贵州省教育厅特色实验室建设项目"梵净山特色动植物资源重点实验室"[黔教合 KY(2011)232];贵州省高等学校重点支持学科项目"野生动植物保护与利用"[黔教合重点支持学科字(2011)232];铜仁学院院级科研启动项目[2011(TS1121)]

(6)研究图文摘要:

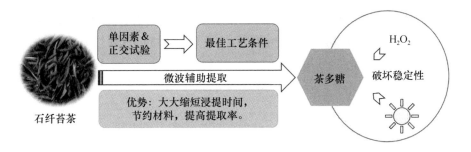

目的:探索提取石阡苔茶多糖的最佳提取工艺。方法:采用微波辅助、单因素和正交设计进行茶多糖提取研究。结果:最佳提取工艺优化条件为微波功率 440 W,微波浸提时间 150 s,乙醇体积分数为 40%,料液比 1:40(g/mL)下,微波提取苔茶多糖的提取率为 5.4%,RSD 为 0.59%。结论:由此可知,微波辅助提取法,缩短了浸提时间,节约了材料,提高了苔茶多糖的提取率。此外,对苔茶多糖的

稳定性进行了初步研究,得知光照和氧化剂对苔茶多糖的稳定性有一定的影响,应注意保存。

2. 教学案例概述

聚焦地方"特色资源"的研究成果,以石阡苔茶为研究对象,开设了以学生为主导的"微波辅助提取石阡苔茶多糖的工艺优化及稳定性研究"综合性实验课程,可有效弥补基础实验教学内容的单一化和学科知识交叉不足。本综合性实验课程内容可促使学生掌握仪器分析中的紫外-分光光度计使用方法和数据分析处理方法,同时,也有助于学生将已学的相关理论课程(如仪器分析、有机化学、生物化学等)紧密联系起来,提高学生理论与实际联系,分析问题和解决问题的应用能力,激发他们对科研工作的兴趣;也符合新工科背景下工程教育课程教学改革的新要求。本实验的主要内容包括:①材料预处理;②葡萄糖标准曲线绘制;③单因素、正交试验;④稳定性验证实验。

3. 实验目的

(1)了解茶叶多糖的含量。

(2)掌握茶叶多糖的微波辅助提取方法;微波辅助提取工艺优化条件。

(3)熟悉光照、氧化剂对其稳定性的影响。

4. 实验原理与技术路线

(1)实验原理 微波辅助提取法是在微波场中利用吸收微波能力的差异使基体物质的某些区域或萃取体系中的某些组分被选择性加热,从而使得被萃取物质从基体或体系中分离,进入到介电常数较小、微波吸收能力相对差的萃取剂中。微波萃取具有设备简单、适用范围广、萃取效率高、重现性好、节省时间、节约试剂、污染小等特点,可用于环境样品预处理,还可用于生化、食品、工业分析和天然产物提取等领域。在国内,微波萃取技术用于中草药提取方面的研究报道还比较少。

(2)技术路线 预处理→粉碎→过 60 目筛→加入浸提剂→微波辅助提取→离心取上清液→Sevage 法脱蛋白→离心→活性炭脱色→浓缩→加乙醇沉淀 24 h→离心取沉淀→乙醇洗涤→定容显色→测吸光度→计算多糖提取率(图 2-13)。

5. 实验材料、试剂与仪器

(1)实验材料 石阡苔茶(市售,预处理保存备用)。

(2)实验试剂 实验试剂见表 2-15。

(3)实验仪器 实验仪器见表 2-16。

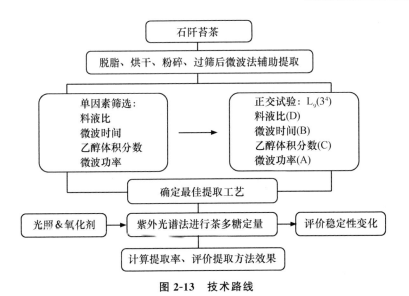

图 2-13 技术路线

表 2-15 实验试剂

实验试剂	生产厂家
乙醇（95%）	天津市富宇精细化工有限公司
无水乙醇（99%）	天津市富宇精细化工有限公司
氢氧化钠固体（98%）	天津市大茂化学试剂厂
硫酸铜（99%）	成都金山化学试剂有限公司
蒽酮（99%）	国药集团化学试剂有限公司
葡萄糖（50%）	天津市恒兴化学试剂制造有限公司
盐酸（37%）	成都金山化学试剂有限公司
浓硫酸（98%）	成都金山化学试剂有限公司
过氧化氢（3%）	天津市恒兴化学试剂制造有限公司

表 2-16 实验仪器

实验仪器	规格型号	生产厂家
电热鼓风干燥箱	101-3	北京科伟永兴仪器有限公司
循环水式真空泵	SHZ-D(Ⅲ)	巩义市予华仪器有限责任公司
新世纪型紫外-分光光度计	T6	北京普析通用仪器有限公司
微波炉	MM823EC8-PS(X)	广东美的厨房电器制造有限公司
离心沉淀机	80-2	常州市金坛区中大仪器厂
电子天平	AR124CN	奥豪斯仪器(上海)有限公司

6.实验步骤

(1)茶叶预处理　称取 1.0 g 茶叶粉末,用 6 mL 乙酸乙酯浸泡 3.5 h 后,用无水乙醇清洗 2 次去除脂类,烘干至恒重,备用。

(2)葡萄糖标准曲线制作　准确称取 0.1 g 葡萄糖,蒸馏水溶解定容至 1000 mL,分别移取 0.2、0.4、0.6、0.8、1.0 和 1.2 mL,配制成质量浓度分别为 0.02、0.04、0.06、0.08、0.10 和 0.12 mg/mL 的溶液,各取 2 mL 于试管中,再加入 4 mL 蒽酮试剂,冰水浴中迅速冷却,待几支试管均匀加完后一起浸入沸水浴中准确保温 10 min,取出冷却,以空白管作对照,波长 625 nm 处测定吸光度。制作葡萄糖标准曲线见图 2-14。

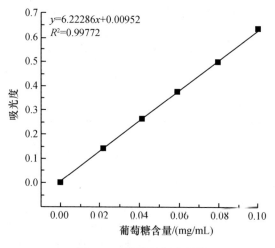

$$y = 6.22286x + 0.00952$$
$$R^2 = 0.99772$$

图 2-14　葡萄糖标准曲线

从图 2-14 可得出多糖提取率的计算公式:提取率=$(A-0.004) \times M \times 1000/(8.178 \times V) \times 100\%$。式中:$A$ 代表吸光度;M 代表称取苔茶样品的质量(g);V 代表浸提液体积(mL)。

(3)茶多糖提取工艺流程　预处理后的茶叶→粉碎→过 60 目筛→加入浸提剂→微波辅助提取→离心取上清液→Sevage 法脱蛋白→离心→活性炭脱色→浓缩→加乙醇沉淀 24 h→离心取沉淀＋乙醇洗涤→定容显色→测吸光度→计算多糖提取率。

(4)提取工艺条件优化　分别称取 5 份 0.5 g 茶叶粉末,用 50％乙醇作为浸提剂,料液比 1:25、1:30、1:35、1:40 和 1:45 (g/mL);微波时间 90、105、120、135 和 150 s;乙醇体积分数 40％、50％、60％、70％和 80％;微波功率为低火

(136 W)、中低火(264 W)、中火(440 W)、中高火(616 W)和高火(800 W)进行单因素实验。数据处理和图表绘制用 Microsoft Excel 2013 和 SPSS 16.0 进行,平行实验 3 次,取平均值。

(5)正交试验 为了确定在提取过程中各因素的影响,对单因素微波功率(A)、微波时间(B)、乙醇体积分数(C)和料液比(D)采用 $L_9(3^4)$ 正交试验,得出微波辅助提取茶多糖的最佳工艺参数。正交因素水平见表 2-17。

表 2-17 正交因素水平

水平	因素			
	A 微波功率 /W	B 微波时间 /s	C 乙醇体积分数 /%	D 料液比 /(g/mL)
1	264	120	40	1∶35
2	440	135	50	1∶40
3	616	150	60	1∶45

(6)稳定性实验

①光照影响。移取稀释后的茶多糖浸提液 3 份,分别在自然光、白炽灯光和黑暗条件下保存,间隔 1 h 测吸光度,计算提取率,判断光照对茶多糖稳定性的影响。

②氧化剂对茶多糖稳定性的影响。移取稀释后的茶多糖浸提液 3 份,用不同浓度的 H_2O_2 处理,间隔 1 h 测吸光度,计算提取率,判断氧化剂对茶多糖稳定性的影响。

7. 结果与分析

(1)单因素

①微波功率影响。由图 2-15 可知,在微波作用下功率对多糖提取有一定的影响,低功率时提取率很低,随着微波功率增大,多糖提取率明显增加,并在 440 W 时达最大值,以后随功率增大,提取率明显降低,可能是因为微波功率过小对其作用很小,微波功率过大造成多糖大量损失。因此,选择最佳功率为 440 W。

②微波时间影响。从图 2-16 可知,在 135 s 之前,随着时间的延长,多糖提取率逐渐增大,当到达 135 s 时提取率达最大(3.75%),之后随着时间的延长,提取率明显降低。这可能是因为多糖的溶出量已达到平衡,微波时间过长会造成多糖的损失。因此,选择最佳微波浸提时间为 135 s。

③乙醇体积分数影响。从图 2-17 可知,在乙醇体积分数很低时,提取率很低,在乙醇体积分数为 50% 时提取率达到高峰,之后随着乙醇体积分数的增大,多糖

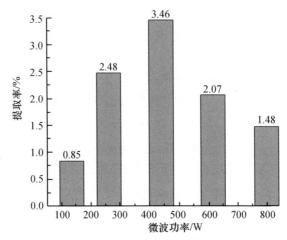

图 2-15　微波功率的选择

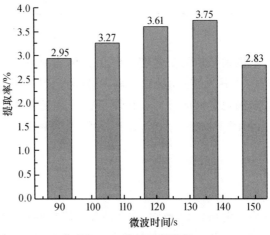

图 2-16　微波时间选择

提取率明显下降,这可能是因为开始时乙醇体积分数小,对多糖的作用比较弱,体积分数过大又会造成多糖大量损失。因此,选择最佳乙醇体积分数为 50%。

④料液比影响。从图 2-18 可知,料液比小于 1∶40 (g/mL)时,料液比对多糖提取影响较大。在料液比达到 1∶40 (g/mL)之前,随着料液比增大,多糖提取率增大;当料液比达到 1∶40 (g/mL)时,提取率达最大值,之后随着料液比继续增大,提取率反而呈下降趋势。这可能是因为多糖的溶出量已达到平衡,过多的溶剂造成多糖的损失。因此,选择最佳料液比为 1∶40 (g/mL)。

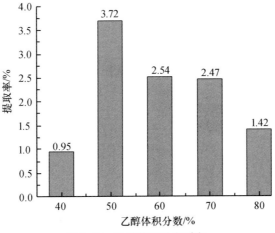

图 2-17　乙醇体积分数选择

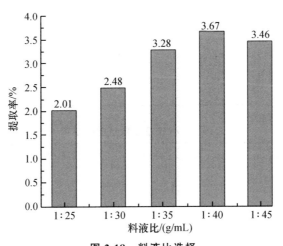

图 2-18　料液比选择

　　(2)正交试验。由表 2-18 得出,4 种因素对提取效果的影响大小依次为:微波时间(B)＞料液比(D)＞乙醇体积分数(C)＞微波功率(A),即 B＞D＞C＞A,因此,微波提取的最优方案为 $A_2B_3C_1D_2$,即微波功率 440 W,提取时间 150 s,乙醇体积分数 40%,料液比 1∶40（g/mL）。

　　(3)验证性实验　通过正交试验优化得到的最优工艺条件为 $A_2B_3C_1D_2$,进行 5 次平行验证实验,结果如表 2-19 所示。平均吸光度为 5.4%,高于正交试验中任一组的最高值。

表 2-18　正交因素及结果分析

实验号	因素				提取率 /%
	A 微波功率 /W	B 微波时间 /s	C 乙醇体积 分数/%	D 料液比 /(g/mL)	
1	1	1	1	1	4.27
2	1	2	2	2	3.41
3	1	3	3	3	3.25
4	2	1	2	3	2.97
5	2	2	3	1	3.76
6	2	3	1	2	4.95
7	3	1	3	2	4.32
8	3	2	1	3	3.24
9	3	3	2	1	3.49
k_1	3.643	3.853	4.153	3.840	
k_2	3.893	3.470	3.290	4.227	
k_3	3.683	3.897	3.777	3.153	
R	0.250	0.427	0.863	1.074	

表 2-19　最优工艺参数组合验证实验

实验号	样品质量/g	提取率/%	平均数/%	RSD/%
1	1.0010	5.42		
2	0.9999	5.36		
3	0.9999	5.39	5.4	0.6547
4	1.0000	5.38		
5	1.0001	5.45		

(4)稳定性实验

①光照影响。由图 2-19 可知,在短期内光照对茶多糖的稳定性影响比较小,但光照时间过长,则影响较大,特别是自然光和白炽光影响较大,所以,应注意避光处理。

②氧化剂(H_2O_2)影响。由图 2-20 可知,H_2O_2 对茶多糖的稳定性影响很大,而且随着浓度的增大,影响越来越大。所以,使用时应注意氧化剂的浓度。

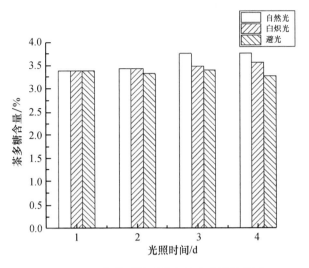

图 2-19 光照时间对茶多糖稳定性的影响

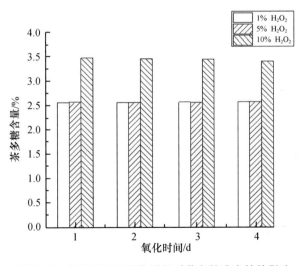

图 2-20 氧化剂不同氧化时间对茶多糖稳定性的影响

8.结论

本实验融合了多学科知识体系,如有机化学、生物化学等,是一个研究创新型综合性实验,也是前期教师科研成果内容的教学转化。整个实验过程主要包括:

①材料预处理；②单因素和正交试验；③稳定性实验等。该综合性实验可有效地将仪器分析、有机化学、生物化学等理论知识点有机融合，并应用于实践，可提高学生的科学核心素养、创新能力及分析解决问题的能力。因此，可在地方院校新工科化工专业、材料工程专业或环境工程专业高年级本科生中开设此实验。此类探究性实验的开展，可引导学生了解化工与制药学科的前沿知识，提高学生的实验技能和科学素养。本实验的开展可为地方院校新工科专业课程内容建设提供示范案例，也可为教师科研成果转化为实践教学提供重要的途径参考。

9. 参考文献

[1] 杨晓萍，倪德江，郭大勇，等. 微波萃取茶叶有效成分的研究[J]. 华中农业大学学报，2003，22(5)：505-507.

[2] 陈海霞，谢笔钧. 茶多糖药效研究概况[J]. 中药材，2001，24(1)：65-67.

[3] 王盈峰，王登良，严玉琴. 茶多糖的研究进展[J]. 福建茶叶，2003，(2)：14-16.

[4] 傅博强，谢明勇，周鹏. 茶叶多糖的提取纯化、组成及药理作用研究进展[J]. 南昌大学学报（理科版），2001，25(4)：225-228.

[5] 王淑如，王丁刚. 茶叶多糖的抗凝血及抗血栓作用[J]. 中草药，1992，23(5)：254-256.

[6] 陈海霞，谢笔筠. 茶多糖对小鼠实验性糖尿病的防治作用[J]. 营养学报，2002，24(1)：85-86.

[7] 周杰，丁建平，王泽农，等. 茶多糖对小鼠血糖、血脂和免疫功能的影响[J]. 茶叶科学，1997，17(1)：75-79.

10. 硕士研究生实践教学组织、建议、思考与创新

(1)教学组织　本实验可面向材料与化工工程硕士专业生物化工研究方向的学生开设，共分为4组，每组1～2人，共16学时，分4次课完成。实验内容安排如下。

①葡萄糖标准曲线绘制（2学时）；

②微波辅助提取单因素、正交试验及最佳工艺条件优化（8学时）；

③超声、微波等提取方法的验证比较（2学时）；

④茶叶多糖对 XOD 降尿酸活性探索（4学时）。

(2)教学建议

①建议学生提前查阅茶叶中已知化学成分、相关结构式和生物酶 XOD 的活性位点；

②建议学生提前了解茶叶多糖的提取、分离及鉴定方法；

③建议学生讨论影响生物酶的因素,并结合酶催化反应分析可能存在的结合位点。

（3）思考与创新

①茶叶多糖在体外 XOD 生物活性上的差异性可能是什么因素导致的？

②茶叶多糖与酶相结合后,如何确定它们的结合方式和结合位点？

③茶叶多糖与其他类似物是否具有相同的生物活性？

④茶叶多糖与 XOD 结合是怎么实现酶活性抑制的？

11.本科生课程教学组织、建议、思考与创新

（1）教学组织　本实验可面向新工科专业（化工、制药、食品工程专业）的高年级（二年级以上）本科学生开设,共分为 4 组,每组 4～5 人,共 12 学时,分别进行以下实验内容。

①葡萄糖标准曲线制作（2 学时）；

②微波提取茶叶多糖的单因素、正交试验及工艺条件优化（6 学时）；

③茶叶多糖提取工艺验证实验（2 学时）；

④茶叶多糖的稳定性实验（2 学时）。

（2）教学建议

①建议学生分组协助完成；

②建议采用水、醇提取对比；

③建议教师在课前准备实物或图片供学生学习,增加感性认识；

④建议教师查阅相关文献,让学生了解石阡苔茶中的有效成分,讲解各有效成分的作用以及对人体的作用,更加突出其多糖的作用。

（3）思考与创新

①学生可通过单因素和正交试验方法设计茶叶多糖提取物的制备实验,筛选出较优的因素组合,实现茶叶多糖提取物的工艺优化；

②茶叶是人们常用生活饮品之一,是否具有降尿酸作用值得探索,还可探索与其类似的物质是否也具有相同或更加优异的生物活性；

③人体高尿酸的成因与哪些因素有关,可组织学生开展实地调研分析,如记录身边患高尿酸的亲戚或朋友的生活习惯（饮食、作息时间、运动类型及时间等）,并加以分析,撰写调研报告和指导意见。

12. 中学生课外活动教学组织、建议、思考与创新

(1)教学组织　本实验可面向中学化学(初级和高级中学)学生开设科技创新课外活动课程，指导学生课后如何开展青少年科学创新活动。本实验共分为4组，每组3～4人，共8学时，实验内容如下。

①葡萄糖标准曲线制作(2学时)；

②微波辅助提取茶叶多糖的单因素(4学时)；

③茶叶多糖提取的验证实验(2学时)。

(2)教学建议

①实验活动前，建议指导教师给学生介绍实验的原理和目的，尽量结合生活案例进行讲解，如高尿酸、痛风等相关内容；

②建议在进行茶叶多糖提取时，讨论不同提取方式对多糖提取物含量的影响，如常规浸提法、微波辅助提取、索氏提取、超声辅助提取等；

③建议在学生做实验前，指导教师先进行预实验，使学生了解清楚实验过程中存在的关键步骤和要素，并撰写适合中学生实验的设计方案；

④在指导老师的协助下，学生参考教学案例完成茶叶多糖的提取，计算提取率，对实验中存在的问题进行讨论，分析可能存在的原因。

(3)思考与创新

①在提取茶叶多糖时如何测定其含量或提取率？

②微波提取与其他提取方法比较有何不同？

③如何提高茶叶多糖的提取率？

2.2.4　基于"单因素＋正交试验设计"的微波辅助提取梵净山阳荷多糖的工艺优化创新综合实验设计

1. 科研成果简介

(1)论文名称：微波辅助提取梵净山阳荷多糖的工艺优化

(2)作者：陈仕学，沈家国，陈波，等

(3)发表期刊及时间：食品与发酵工业，2013年，中文核心期刊

(4)发表单位：铜仁学院

(5)基金资助：贵州省教育厅特色实验室建设项目"梵净山特色动植物资源重点实验室"[黔教合KY(2011)232]；贵州省高等学校重点支持学科项目"野生动植物保护与利用"[黔教合重点支持学科字(2011)232]；铜仁学院院级科研启动项目[2011(TS1121)]

（6）研究图文摘要：

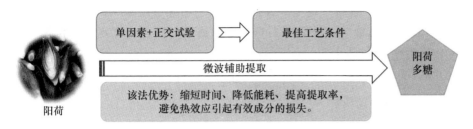

　　目的：为了研究微波辅助提取梵净山阳荷多糖的最佳提取工艺。方法：以梵净山阳荷为原料，采用单因素和正交设计进行阳荷多糖提取研究。结果：在最佳提取工艺条件为：微波浸提时间 3 min，料液比 1：20（g/mL），微波功率低于 264 W，阳荷多糖提取率为 13.01%，RSD 为 0.44%。在相同条件下对比分析超声波法和常规浸提法，可知微波辅助提取法优于超声法，也优于溶剂浸提法，主要表现为浸提时间缩短，材料节约，阳荷多糖提取率提高，可为后续研究提供参考。

　　2.教学案例概述

　　阳荷又名洋姜、山姜、野山姜等，属于姜科姜属，多年生草本植物，是一种营养价值很高、药食同源的膳食纤维蔬菜，富含蛋白质、氨基酸和丰富的膳食纤维多糖类物质。其多糖具有极其重要的生理功能，具降血脂、延缓衰老、抗肿瘤等功效。本综合性实验课程内容，可促使学生掌握仪器分析中的紫外-分光光度计使用方法和数据分析处理方法，同时，也有助于学生将已学的相关理论课程（如仪器分析、有机化学、生物化学等）紧密联系起来，提高学生理论应用能力，激发学生对科研工作的兴趣。本实验的主要内容包括：①葡萄糖标准曲线绘制；②单因素实验；③正交试验。

　　3.实验目的

　　（1）了解阳荷多糖的含量；

　　（2）掌握阳荷多糖的微波提取方法；

　　（3）熟悉阳荷多糖的微波提取工艺优化条件。

　　4.实验原理与技术路线

　　（1）实验原理　微波辅助提取的原理是在微波场中，吸收微波能力的差异使得基体物质的某些区域或萃取体系中的某些组分被选择性加热，从而使得被萃取物质从基体或体系中分离；微波萃取具有设备简单、适用范围广、萃取效率高、重现性好、节省时间、节约试剂、污染小等特点。除主要用于环境样品预处理外，还可用于生化、食品、工业分析和天然产物提取等领域。

（2）技术路线　选材→烘干→脱脂→烘干→粉碎→过筛→加浸提剂搅匀→微波处理→过滤→滤液浓缩→除蛋白→离心取滤液→脱色→无水乙醇沉淀→静置12 h→过滤→干燥（图 2-21）。

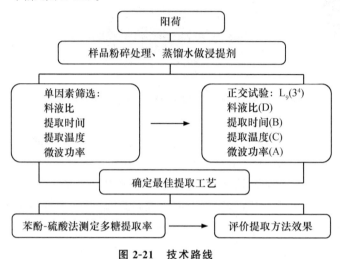

图 2-21　技术路线

5. 实验材料、试剂与仪器

（1）实验材料　野生阳荷。将采于梵净山附近林中的野生阳荷,洗净、切碎、晒干,置于 60 ℃烘箱干燥,室温密封保存备用。

（2）实验试剂　实验试剂见表 2-20。

表 2-20　实验试剂

实验试剂	生产厂家
固体氢氧化钠（98%）	天津市大茂化学试剂厂
无水乙醇（99%）	天津市富宇精细化工有限公司
硫酸铜（99%）	成都金山化学试剂有限公司
蒽酮（99%）	国药集团化学试剂有限公司
葡萄糖（50%）	天津市恒兴化学试剂制造有限公司
盐酸（37%）	成都金山化学试剂有限公司
浓硫酸（98%）	成都金山化学试剂有限公司
蒸馏水	—
正丁醇（分析纯）	成都金山化学试剂有限公司
三氯甲烷（分析纯）	成都金山化学试剂有限公司

(3)实验仪器 实验仪器见表 2-21。

表 2-21 实验仪器

实验仪器	规格型号	生产厂家
电热鼓风干燥箱	101-3	北京科伟永兴仪器有限公司
循环水式真空泵	SHZ-D(Ⅲ)	巩义市予华仪器有限责任公司
新世纪型紫外-分光光度计	T6	北京普析通用仪器有限责任公司
微波炉	MM823EC8-PS(X)	广东美的厨房电器制造有限公司
离心沉淀机	80-2	常州市金坛区中大仪器厂
电子天平	AR124CN	奥豪斯仪器(上海)有限公司

6.实验步骤

将已烘干的阳荷干品在常温下用 5 倍体积的乙酸乙酯浸泡 3 h,用蒸馏水清洗残留的有机溶剂至样品无味,将其置于 60 ℃ 的烘箱内烘干,得脱脂样品。在脱脂样品中加入浸提剂,在适当条件下微波处理,将样品过滤,取滤液水浴浓缩至 1/2 体积。用 Sevag[V(三氯甲烷):V(正丁醇)=4:1]试剂除蛋白,离心去沉淀,向滤液加入 4% H_2O_2 溶液除色素,后加入 4 倍体积无水乙醇室温静置 12 h,将沉淀物置于 70 ℃ 干燥箱中干燥,平行实验 3 次,求平均值,计算多糖提取率。

数据处理和图表绘制用 Microsoft Excel 2013 和 SPSS 16.0 进行,平行实验 3 次,取平均值。

(1)样品溶液制备 准确称取经过干燥的阳荷(粉碎后过 20 目筛)1.0000 g,置于 100 mL 锥形瓶中,加入一定量的蒸馏水,用微波法对其进行多糖提取,常温下过滤,取滤液 1 mL,加入 5 mL 无水乙醇,摇匀,静置 24 h,3000 r/min 离心 20 min,去上清液,滤渣用 2 mol/L H_2SO_4 溶液溶解后,加水定容至 10 mL,摇匀,备用。

(2)溶液配制

①葡萄糖标准溶液配制 精确称取 105 ℃ 下干燥至恒重的葡萄糖标准品 10 mg,置于 100 mL 容量瓶中,加蒸馏水溶解并定容至刻度,摇匀,得 0.1 mg/mL 的葡萄糖样品溶液,备用。

②2 mol/L H_2SO_4 溶液 准确移取 111.11 mL 浓 H_2SO_4 溶液,定容至 1 L,用于溶解多糖。

③蒽酮-硫酸溶液配制 精确称取蒽酮粉末 0.1000 g 加入 100 mL 的锥形瓶中,加入浓度为 80% 的 H_2SO_4,定容至 100 mL,备用。

(3)浸提剂确定　分别用蒸馏水、不同浓度的乙醇溶液作为阳荷多糖的浸提剂,用紫外-分光光度计测出吸光度,选择最佳浸提剂。

(4)微波提取条件的优化　分别以最佳浸提剂为溶剂,对不同料液比、微波时间和微波功率进行单因素实验,并对料液比、时间和功率采用 $L_9(3^4)$ 进行正交试验,通过正交分析,得出微波提取阳荷多糖的最佳提取工艺参数。

7.结果与分析

(1)葡萄糖标准曲线绘制　分别从葡萄糖样品溶液中精确移取 0.2、0.4、0.6、0.8、1.0、1.2 mL 置于试管中,加蒸馏水定容至 2 mL,精确加入蒽酮-硫酸溶液 6 mL。置于沸水中加热 15 min 后取出,放入冰浴中冷却,以相应的空白试剂作对照,在波长为 625 nm 下,以吸光度 A 为纵坐标,葡萄糖含量 $c(\mu g/mL)$ 为横坐标,绘制标准曲线(图 2-22),得回归方程:$A=0.04064x+0.0082$,$R^2=0.9992$。

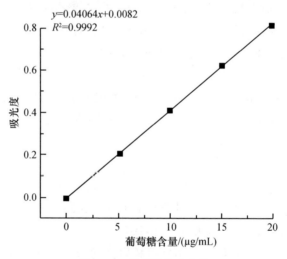

图 2-22　葡萄糖标准曲线

由此可以得出茶多糖提取率的计算公式:提取率$=[(A-0.0624)/0.0364\times10\times V/m/1000]\times100\%$。式中:$A$ 为吸光度,m 为称取阳荷质量(g),V 为浸提体积(mL)。

(2)浸提剂确定　用不同体积分数的乙醇和蒸馏水为浸提剂提取阳荷多糖,结果见表 2-22。

表 2-22　不同浸提剂对提取率的影响

浸提剂	提取率/%
10%乙醇	3.46
30%乙醇	3.51
50%乙醇	5.01
70%乙醇	6.55
95%乙醇	4.32
蒸馏水	1.18

由表 2-22 可知,本实验中,70%的乙醇为提取阳荷多糖的最佳浸提剂。

(3)单因素实验

①微波时间影响。准确称取过 20 目筛的干燥阳荷粉 1.0000 g,料液比为 1∶20 g/mL,中火(440W)下分别微波提取 1、2、3、4 和 5 min,在波长 625 nm 下测其吸光度,代入回归方程中求其多糖提取率,实验结果见图 2-23。

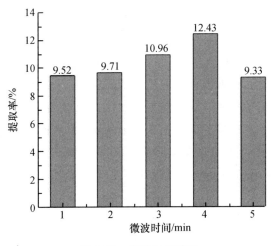

图 2-23　微波时间选择

由图 2-23 可知,在 1~4 min 内,随着提取时间的延长,阳荷多糖的提取率逐渐增加,在 4 min 时达到最大,超过 4 min 后,多糖提取率随时间的延长逐渐下降。这可能是因为多糖的浸出率达到了动态平衡,多糖氧化分解速度逐渐增加,故选择

4 min 为最佳浸提时间。

②料液比影响。准确称取 1.0000 g 阳荷粉，在料液比为 1：10、1：20、1：30、1：40、1：50 g/mL，中火（440 W）作用下浸提 4 min，在波长 625 nm 下测其吸光度，代入回归方程求其多糖提取率，实验结果见图 2-24。

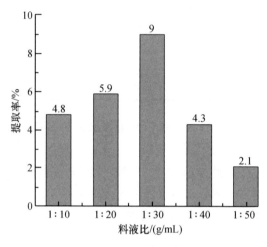

图 2-24　料液比选择

由图 2-24 可知，料液比小于 1：30（g/mL）时，多糖提取率逐渐增加，料液比超过 1：30（g/mL）后，提取率逐渐下降，这可能是因为多糖的溶出率已达到平衡，过多的溶剂造成多糖的损失。故选择 1：30（g/mL）为最佳料液比。

③微波功率影响。准确称取 1.0000 g 阳荷粉，料液比 1：30 g/mL，在微波功率为低火（136 W）、中低火（264 W）、中火（440 W）、中高火（616 W）、高火（800 W）下浸提 4 min。在波长 625 nm 下测其吸光度，代入回归方程中求其多糖提取率，结果见图 2-25。

由图 2-25 可知，随着微波功率的增加，阳荷多糖的提取率随之增加，当提取功率为中低火时达到最大，之后随提取功率的增加而逐渐下降。这可能是由于功率的增加造成多糖氧化分解所致，故选择中低火为最佳功率。

（4）正交试验　为了确定在提取过程中各因素的影响大小，本研究对微波法提取阳荷多糖的 3 个单因素即提取时间（A）、料液比（B）、微波功率（C）进行正交试验，并以多糖提取率作为提取工艺的判断依据。根据设置，选用 $L_9(3^4)$ 正交表，实验方案设计及结果见表 2-23 和表 2-24。

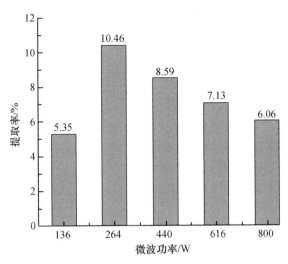

图 2-25 微波功率选择

表 2-23 正交因素水平

水平	因素		
	A 提取时间/min	B 料液比/(g/mL)	C 微波功率/W
1	3	1∶20	136
2	4	1∶30	264
3	5	1∶40	440

由表 2-24 极差分析结果可知,3 个因素对阳荷多糖提取率的影响依次为:提取时间＞微波功率＞料液比,可得到最佳工艺优化条件为 $A_1B_1C_2$,即提取时间为 3 min,料液比为 1∶20(g/mL),微波功率为中火(264 W)。

(5)验证性实验 为了考察上述工艺的稳定性,按微波法提取阳荷多糖的最佳工艺条件 $A_1B_1C_2$,即提取时间为 3 min,料液比为 1∶20(g/mL),提取功率为中火的条件下分别进行重复性实验 5 次,分别测定其多糖提取率,计算其 RSD,结果见表 2-25。

由表 2-25 可知,在此工艺条件下,多糖平均提取率为 13.01%,优于正交试验中任何一组,RSD 为 0.50%,说明该工艺稳定。

表 2-24　正交试验结果及极差分析

实验号	因素			提取率 /%
	A 提取时间/min	B 料液比/(g/mL)	C 微波功率/W	
1	1	1	1	8.56
2	1	2	2	8.16
3	1	3	3	10.87
4	2	1	2	11.06
5	2	2	3	7.04
6	2	3	1	6.53
7	3	1	3	7.35
8	3	2	1	6.75
9	3	3	2	6.53
k_1	9.197	8.990	7.280	
k_2	8.210	7.317	8.583	
k_3	6.877	7.977	8.420	
R	2.320	1.673	1.303	

表 2-25　验证实验结果

样品	样品质量/g	多糖提取率/%	平均数/%	RSD/%
1	1.0001	13.07		
2	1.0000	12.98		
3	1.0000	12.93	13.01	0.50
4	1.0001	13.07		
5	0.9999	12.96		

(6)三种提取方法比较　同样方法采用常规浸提法得出阳荷多糖的最佳提取条件为:提取时间 80 min,料液比 1∶40 (g/mL),提取率 5.05%;超声波辅助法最佳提取条件为:提取时间 30 min,料液比 1∶30 (g/mL),提取率 8.18%,微波辅助提取条件为:提取时间 3 min,料液比 1∶20 (g/mL),提取率 13.01%,具体见表 2-26。

由表 2-26 可知,微波辅助提取法具有提取时间短、耗材少、提取效率高等优点,故可用于工业上大规模生产。

表 2-26　常规、超声和微波浸提方法比较

方法	提取时间/min	B 料液比/(g/mL)	提取率/%
常规提取法	80	1：40	5.05
超声波辅助提取法	30	1：30	8.18
微波辅助提取法	3	1：20	13.01

8. 结论

本实验融合前期教师科研成果内容的教学转化,整个实验过程主要包括葡萄糖标准曲线制作、单因素和正交试验、不同提取方法比较等,可有效地将仪器分析、有机化学、生物化学等理论知识点进行有机融合,并用于实践,提高学生的科学核心素养、创新能力及解决分析问题的能力。通过此类探究性实验的开展,引导学生了解化工与制药学科的前沿知识,提高学生的实验技能和科学素养。本实验采用微波法、对比常温浸提法、超声波法,优化了阳荷多糖的提取工艺。微波辅助提取的最佳工艺条件为:浸提时间 3 min,料液比 1：20 (g/mL),微波功率为中火,多糖的提取率为 13.01%,且稳定性高。通过对不同提取方法对比可知,采用微波法辅助提取阳荷多糖具有操作简单、时间短、提取率高、能耗低等优点,可以广泛用于工业上多糖的生产。

9. 参考文献

[1] 易凤英,刘素纯,李佳莲,等. 茶多糖的提取方法及其生理功能研究进展[J]. 安徽农业科学,2010,38(6):2911-2913.

[2] 陈仕学,郁建平. 梵净山野生阳荷红色素的提取及理化性质研究[J]. 山地农业生物学报,2010,29(5):432-439.

[3] 李德海,孙常雁,孙莉洁,等. 微波辅助法提取滑菇多糖的工艺研究[J]. 食品工业科技,2008,(4):226-228.

[4] 许本波,张世俊,江洪波. 微波辅助法提取山药多糖的研究[J]. 安徽农学通报,2007,13(12):34-35+60.

[5] 刘小丽,黄晋杰. 微波辅助法提取香菇多糖的工艺[J]. 食品研究与开发,2010,31(3):14-17.

[6] 吴翠云,汪河滨,李万福,等. 黑果枸杞叶片中多糖提取工艺研究[J]. 食品研究与开发,2009,30(12):1-5.

[7] 王振宇,孙芳,刘荣. 微波辅助提取松仁多糖的工艺研究[J]. 食品工业科技,2006,(9):133-135+139.

［8］吴琼英,戴伟. 微波辅助提取条斑紫菜多糖及其抗氧化性研究［J］. 食品科技,2007,32(3):96-99.

［9］董周永,池建伟,杨公明,等. 荔枝多糖微波提取工艺研究［J］. 食品工业科技,2006,(3):118-120.

［10］高梦祥,刘恒蔚,宗明远. 采用微波技术提取海带多糖的工艺研究［J］. 食品研究与开发,2006,27(8):69-71.

［11］刘旭辉,姚丽,覃勇荣,等. 豆梨多糖提取工艺条件的初步研究［J］. 食品科技,2011,36(3):159-163.

［12］胡爱军,郑捷. 食品工业中的超声提取技术［J］. 食品与机械,2004(8):57-60.

10. 硕士研究生实践教学组织、建议、思考与创新

(1)教学组织 本实验可面向材料与化工工程硕士专业生物化工研究方向的学生开设,共分为4组,每组1～2人,共16学时,分4次课完成。实验内容安排如下。

①葡萄糖标准曲线绘制(2学时);

②微波提取阳荷多糖的单因素和正交试验(4学时);

③不同提取方法比较(4学时);

④阳荷多糖降尿酸活性探索(6学时)。

(2)教学建议

①建议学生提前查阅阳荷中已知化学成分和相关结构式和生物酶XOD的活性位点;

②建议学生提前了解阳荷多糖的提取、分离及鉴定方法;

③建议学生讨论影响生物酶的因素,并结合酶催化反应分析可能存在的结合位点。

(3)思考与创新

①阳荷多糖在体外XOD生物活性上的差异性可能是什么因素导致的?

②阳荷多糖与酶相结合后,如何确定它们的结合方式和结合位点?

③阳荷多糖与其他类似物是否具有相同的生物活性?

④阳荷多糖与XOD结合是怎么实现酶活性抑制的?

11. 本科生课程教学组织、建议、思考与创新

(1)教学组织 本实验可面向新工科专业(化工、制药、食品工程专业)的高年级(二年级以上)本科学生开设,共分为4组,每组4～5人,共12学时,分别进行以

下实验内容。

①葡萄糖标准曲线制作(2学时);

②微波提取阳荷多糖单因素、正交试验(6学时);

③不同提取方法比较(4学时)。

(2)教学建议

①建议学生分组协助完成;

②建议采用水、醇提取对比;

③建议教师在课前准备实物或图片供学生观察学习,增加感性认识;

④建议教师查阅相关文献,让学生知道阳荷中的有效成分,讲解各有效成分的作用以及对人体的作用,更加突出其多糖的作用;

⑤建议教师向学生介绍提取其多糖的方法,讨论如何有效提高提取率。

(3)思考与创新

①在提取阳荷多糖时如何测定其含量或提取率?

②微波提取与其他提取方法比较有何不同?

③如何提高阳荷多糖的提取率?

12. 中学生课外活动教学组织、建议、思考与创新

(1)教学组织 本实验可面向中学化学(初级和高级中学)学生开设科技创新课外活动课程,指导学生课后如何开展青少年科学创新活动。实验内容可分为4组,每组3~4人,共8学时。

①葡萄糖标准曲线制作(2学时);

②微波提取阳荷多糖的单因素实验(6学时)。

(2)教学建议

①实验活动前,建议指导教师给学生介绍实验的原理和目的,尽量结合生活案例进行讲解,如高尿酸、痛风等相关内容;

②建议在进行阳荷多糖提取时,讨论不同提取方式对多糖提取物含量的影响,如常规浸提、微波辅助提取、索氏提取、超声辅助提取等;

③建议在学生做实验前,指导教师先进行预实验,使学生了解清楚实验过程中存在的关键步骤和要素,并撰写适合中学生实验的设计方案;

④在指导老师的协助下,学生参考教学案例完成阳荷多糖的提取,计算提取率,对实验中存在的问题进行讨论,分析可能存在的原因。

(3)思考与创新

①学生可通过单因素和正交试验方法设计阳荷多糖提取物的制备实验,筛选出较优的因素组合,实现阳荷多糖提取物的工艺优化;

②阳荷作为药食同源的代表之一，是否具有降尿酸作用值得探索，并探索与其类似的物质是否也具有相同或更加优异的生物活性；

③人体高尿酸的成因与哪些因素有关，可组织学生开展实地调研分析，如记录身边患高尿酸的亲戚或朋友的生活习惯（饮食、作息时间、运动类型及时间等），并加以分析，撰写调研报告和指导意见。

2.3　单因素+响应面实验优化设计

2.3.1　基本概念

响应面设计方法（response surface methodology，RSM）是利用合理的实验设计方法，通过实验，采用多元二次回归方程来拟合因素与响应值之间的函数关系，通过对回归方程的分析来寻求最优工艺参数，解决多变量问题的一种统计方法（又称回归设计）。

2.3.2　响应面优化法的使用条件

(1)确信或怀疑因素对指标存在非线性影响；

(2)因素个数 2～7 个，一般不超过 4 个；

(3)所有因素均为计量值数据，实验区域已接近最优区域；

(4)基于 2 水平数的全因子正交试验。

2.3.3　响应面优化法的优点和局限性

(1)优点　①考虑了实验随机误差；②将复杂的未知函数关系在小区域内用简单的一次或二次多项式模型拟合，计算比较简便，是降低开发成本、优化加工条件、提高产品质量，解决生产过程中实际问题的一种有效方法；③与正交试验相比，其优势是在实验条件寻优过程中，可以连续地对实验的各个水平进行分析，而正交试验只能对一个个孤立的实验点进行分析。

(2)不足　在使用响应面优化法之前，应当确立合理的实验及各因素和水平。因为响应面优化法的前提是设计的实验点应包括最佳的实验条件，如果实验点选取不当，实验响应面优化法就不能得到很好的优化结果。

2.3.4 响应面设计步骤

确定因素及水平,注意水平数为 2,因素数一般不超过 4 个,因素均为计量值数据;创建"中心复合"或"Box-Behnken"设计;确定实验运行顺序(Display Design);进行实验并收集数据;分析实验数据;优化因素的设置水平。具体过程如下。

(1)标准曲线绘制 根据相关文献选择相应物质为对象,根据显色反应原理测其吸光度,绘制标准曲线,标出回归方程技术提取率,用于单因素影响的最佳值筛选。

(2)确定单因素实验 首先确定第一个筛选因素,根据文献参考或文献分析确定其不同梯度选择,在其他因素固定的条件下进行提取,测其吸光值;根据标准曲线回归方程计算同因素不同梯度的提取率,从而确定最佳值。同理,依次对各影响因素进行筛选,确定最佳值。

(3)响应面实验设计 利用 Design-Expert. V8.0 软件进行 4 因素 3 水平的Box-Behnken(BBD)中心组合原理设计响应面分析实验。各因素水平见表 2-27。

表 2-27 响应面实验因素水平

水平	X_1 料液比/(g/mL)	X_2 乙醇体积分数/%	X_3 微波时间/s	X_4 微波功率/W
−1	X_{11}	X_{21}	X_{31}	X_{41}
0	X_{12}	X_{22}	X_{32}	X_{42}
1	X_{13}	X_{23}	X_{33}	X_{43}

为了能够得到最佳优化条件,以料液比、乙醇体积分数、微波时间及微波功率,进行 4 因素 3 水平的响应面分析实验,实验设计及结果分析见表 2-28 至表 2-30。

表 2-28 响应面实验设计及实验结果

实验号	因素				Y 提取率
	X_1	X_2	X_3	X_4	/%
1	−1	−1	0	0	Y_1
2	1	−1	0	0	Y_2
3	−1	1	0	0	Y_3
4	1	1	0	0	Y_4
5	0	0	−1	−1	Y_5

续表 2-28

| 实验号 | 因素 | | | | Y 提取率 |
	X_1	X_2	X_3	X_4	/%
6	0	0	1	−1	Y_6
7	0	0	−1	1	Y_7
8	0	0	1	1	Y_8
9	−1	0	0	−1	Y_9
10	1	0	0	−1	Y_{10}
11	−1	0	0	1	Y_{11}
12	1	0	0	1	Y_{12}
13	0	−1	−1	0	Y_{13}
14	0	1	−1	0	Y_{14}
15	0	−1	1	0	Y_{15}
16	0	1	1	0	Y_{16}
17	−1	0	−1	0	Y_{17}
18	1	0	−1	0	Y_{18}
19	−1	0	1	0	Y_{19}
20	1	0	1	0	Y_{20}
21	0	−1	0	−1	Y_{21}
22	0	1	0	−1	Y_{22}
23	0	−1	0	1	Y_{23}
24	0	1	0	1	Y_{24}
25	0	0	0	0	Y_{25}
26	0	0	0	0	Y_{26}
27	0	0	0	0	Y_{27}

表 2-29 回归方程方差分析

方差来源	平方和(SS)	自由度(df)	均方(SM)	F 值	Prob>F	显著性
模型	6.44	14	0.46	5.56	0.0024	＊＊
X_1	1.99	1	1.99	24.45	0.0003	＊＊
X_2	$5.208e^{-0.03}$	1	$5.208e^{-0.03}$	0.064	0.8047	
X_3	1.79	1	1.79	21.92	0.0005	＊＊

续表 2-29

方差来源	平方和(SS)	自由度(df)	均方(SM)	F 值	Prob>F	显著性
X_4	0.52	1	0.52	6.34	0.0270	*
X_1X_2	0.26	1	0.26	3.13	0.1023	
X_1X_3	0.023	1	0.023	0.28	0.6088	
X_1X_4	0.11	1	0.11	1.34	0.2702	
X_2X_3	0.14	1	0.14	1.68	0.2193	
X_2X_4	0.063	1	0.063	0.77	0.3984	
X_3X_4	0.076	1	0.076	0.93	0.3544	
X_1^2	0.43	1	0.43	5.27	0.0405	*
X_2^2	0.066	1	0.066	0.81	0.3858	
X_3^2	1.34	1	1.34	16.44	0.0016	* *
X_4^2	0.27	1	0.27	3.28	0.0954	
残差	0.98	12	0.081			
失拟项	0.96	10	0.096	12.96	0.0737	
纯误差	0.015	2	$7.433e^{-0.03}$			
误差和	7.42	26				

表 2-30　回归方程可靠性分析

项目	数值	项目	数值
Std. Dev.	0.29	R^2	0.8682
Mean	3.93	R_{adj}^2	0.7145
CV/%	7.27	Adeq Precision	8.409

(4)模型建立与方差分析　利用 Design-Expert. V8.0 软件对表 2-28 响应值进行分析,得到多元二次回归方程:确定因素及水平,注意水平数为 2,因素数一般不超过 4 个,因素均为计量值数据;创建"中心复合"或"Box-Behnken"设计;确定实验运行顺序;进行实验并收集数据;分析实验数据;优化因素的设置水平。具体过程如下。

由表 2-29 可知,X_1、X_3、X_4、X_1^2、X_3^2 均表现为显著,说明各个因素对提取率的影响不是简单的线性关系。另外,还可以看出模型显著而失拟项不显著,说明建立的模型能够与实际有较好的拟合。由表 2-30 可知,回归决定系数 $R^2=0.8682$,说明有 86.82% 的响应面值符合此模型。校正决定系数 $R_{adj}^2 = 0.7145$，说明 71.45% 的实验数据的可变性可用此回归模型来解释。其中 CV 变异系数较小，为 7.27%，精密度 Adeq Precision = 8.409，说明此方程具有良好的稳定性和精密度。

（5）响应面分析　为了考察交互项对提取率的影响，在其他因素条件固定不变的情况下，考察交互项对提取率的影响，对模型进行降维分析。经 Design-Expert.V8.0 软件分析，随着每个因素的增大，响应值增大；当响应值增大到极值后，随着因素的增大，响应值逐渐减小；在交互项对提取率的影响中，可以确定影响提取成分的主次因素。

2.4　单因素＋响应面实验设计的应用案例

单因素实验指在一项实验中只有一个因素改变，其他的可控因素不变。响应面设计方法（response surface methodology，RSM），也称响应曲面法，是通过对响应曲面及等高线的分析寻求最优工艺参数，采用多元二次回归方程来拟合响应值与因素之间函数关系的一种优化统计方法。两种方法结合将实验体系的目标响应值作为单个或多个实验因素的函数，并将这种函数关系通过多维图形显示出来，实验者利用图形分析、函数求导等手段，优化实验设计中的最佳条件。该设计方法具有广泛的应用情境，可用于食品中的蛋白质、多糖及中药材中各种有效成分的提取，具体案例如下。

2.4.1　基于"单因素＋响应面实验优化设计"的微波提取都匀毛尖茶多糖的提取及抗氧化性研究创新综合实验设计

1.科研成果简介

（1）论文名称："单因素＋响应面实验优化设计"的微波提取都匀毛尖茶多糖的提取及抗氧化性研究

（2）作者：陈仕学，田艺，卢忠英，等

（3）发表期刊及时间：食品工业，2015 年，中文核心期刊

（4）发表单位：铜仁学院

（5）基金资助：贵州省教育厅基金项目：梵净山特色动植物资源重点实验室［黔教合 KY（2011）005］；贵州省高等学校重点支持学科项目［黔教合重点支持学科字（2011）232］；

(6)研究图文摘要：

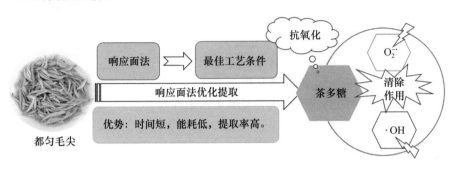

目的：探索都匀毛尖茶多糖最佳提取工艺条件，研究其抗氧化能力。方法：采用单因素和响应面法优化设计研究茶多糖的提取工艺条件。结果：在最佳工艺优化条件为料液比 1∶55（g/mL），乙醇体积分数 55%，微波时间 107 s 和微波功率 440 W 下，茶多糖提取率为 4.75%。另外，从抗氧化性评价结果可知，都匀毛尖茶多糖对超氧阴离子自由基和羟自由基具有良好的清除作用，其清除能力与茶多糖质量浓度在一定范围内呈较好的正比量效关系。结论：由此可知，响应面结合微波辅助提取都匀毛尖茶多糖表现出提取时间短、能耗低、提取率高等特点，并具有较好的抗氧化能力。

2.教学案例概述

很久以前，中国和日本的民间就有饮用老茶来治疗糖尿病的实践。2000 年，众多研究学者报道了有关茶多糖在降血压及减慢心率、耐缺氧等方面的研究，实验结果显示均具有不同程度的生物活性。2001 年，王健等在多糖的抗肿瘤及免疫调节作用研究进展中报道出茶叶具有广泛的药理和养生价值；2007 年，在靳丹虹等运用微波提取法提取灵芝多糖的研究中也提及了微波提取法的优越性；2012 年魏学军等在都匀毛尖冲泡的优化工艺研究中采用热水浸提法来提取茶多糖，这种提取方法耗时量大、提取率低。然而微波提取技术是近年新发展的一种方法，具有快速、高效、安全和节能等优点，被应用于多种植物成分提取。都匀毛尖茶属于山茶科山茶属，产于贵州南部的都匀市。本实验以都匀毛尖茶为研究对象，开设了以学生为主导的"微波提取都匀毛尖茶多糖及抗氧化性研究"综合性实验课程，可有效地弥补基础实验教学内容的单一化和学科知识交叉不足。本综合性实验课程内容可促使学生掌握仪器分析中的紫外-分光光度计使用方法和数据分析处理方法，同时，也有助于学生将已学的相关理论课程（如仪器分析、有机化学、生物化学、天然产物化学等）紧密联系起来，提高学生理论应用能力，激发他们对科研工作的兴趣。

本实验的主要内容包括：①材料预处理；②葡萄糖标准曲线绘制；③单因素实验；④响应面实验；⑤抗氧化实验。

3. 实验目的

(1)了解都匀毛尖茶多糖的含量；

(2)掌握茶多糖的响应面法优化提取方法；

(3)熟悉茶多糖的响应面法优化提取工艺条件；

(4)熟悉茶多糖抗氧化实验。

4. 实验原理与技术路线

(1)实验原理　响应面法，即响应曲面法(response surface methodology, RSM)，是利用合理的实验设计方法并通过实验得到一定数据，采用多元二次回归方程来拟合因素与响应值之间的函数关系，通过对回归方程分析寻找最优工艺参数，解决多变量问题的一种统计方法。它通过建立一个高阶函数，近似模拟复杂的系统模型，实现方便计算分析。

(2)技术路线　预处理后的茶叶→按需精确称取样品→加入乙醇浸提剂→微波处理→过滤→Sevag 试剂(正丁醇与氯仿体积比 1：4)脱蛋白→离心→活性炭脱色→过滤→定容→稀释→测定吸光度(图 2-26)。

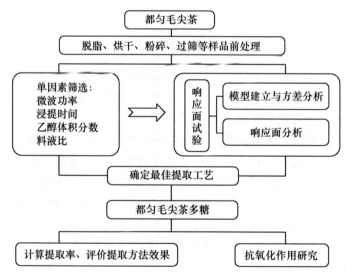

图 2-26　技术路线

5.实验材料、试剂与仪器

(1)实验材料　都匀毛尖茶。

(2)实验试剂　实验试剂见表2-31。

表 2-31　实验试剂

实验试剂	生产厂家
氯仿(98%)	上海阿拉丁生化科技股份有限公司
无水乙醇(99%)	天津市富宇精细化工有限公司
正丁醇(98%)	无锡昌誉化工原料有限公司
蒽酮(99%)	国药集团化学试剂有限公司
葡萄糖(50%)	天津市恒兴化学试剂制造有限公司
浓硫酸(98%)	成都金山化学试剂有限公司
乙酸乙酯(99%)	山东鑫宇航精细化工有限公司
三羟甲基氨基甲烷(99%)	武汉德晟生化科技有限公司
活性炭	重庆艾科活性炭有限公司
水杨酸(98%)	四川省维克奇生物科技有限公司
硫酸亚铁(99%)	上海阿拉丁生化科技股份有限公司
过氧化氢(3%)	天津市恒兴化学试剂制造有限公司
邻三苯酚(95%)	国药集团化学试剂有限公司
浓盐酸(95%)	深圳市健竹生物科技有限公司

(3)实验仪器　实验仪器见表2-32。

表 2-32　实验仪器

实验仪器	规格型号	生产厂家
微波炉	MM823EC8-PS(X)	佛山市顺德区美的电子科技有限公司
电热鼓风干燥箱	101-3	北京科伟永兴仪器有限公司
循化水式真空泵	SHZ-D(Ⅲ)	巩义市予华仪器有限责任公司
万能粉碎机	SLFS002	巩义市欧富机械设备有限公司
电子天平	AR124CN	奥豪斯仪器(上海)有限公司
离心沉淀机	80-2	常州市金坛区中大仪器厂
数显恒温水浴锅	HH-1	武汉艾尔美家环保科技有限公司
秒表	—	—

6. 实验步骤

(1)材料预处理　称取一定量茶叶,用一定量的乙酸乙酯浸泡 3.5 h,蒸馏水清洗残留有机溶剂至样品无味,置于 60 ℃ 干燥箱中干燥至恒重,粉碎机粉碎后过60 目筛,粉末室温密封保存备用。

(2)葡萄糖标准曲线绘制　准确称取 0.1 g 葡萄糖,加蒸馏水溶解定容至1000 mL,分别移取 0、0.25、0.5、0.75、1.0、1.25 和 1.5 mL 于各对应试管中,加水至 2 mL。将各试管放入冰水中,加入 5 mL 蒽酮试剂,将各试管放入 100 ℃ 恒温水浴锅中保温 15 min 后取出,室温冷却,在波长 625 nm 处测定吸光度。以葡萄糖含量(mg/mL)为横坐标,吸光度为纵坐标,具体见图 2-27。

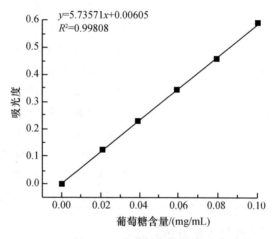

图 2-27　葡萄糖标准曲线

由图 2-27 可得到,都匀毛尖茶多糖的提取率公式:提取率＝(Y－0.0074)×V/(4.5457×M×1000)×100%。式中:Y 为吸光度;M 为所称茶叶的质量(g);V为浸提液的体积(mL)。

(3)都匀毛尖茶多糖提取工艺条件优化

①单因素实验。根据文献,选取料液比、乙醇体积分数、微波时间和微波功率为考察因素,开展单因素实验。

②响应面实验。利用 Design-Expert. V8.0 软件进行 4 因素 3 水平的 Box-Behnken(BBD)中心组合原理设计响应面分析实验,各因素水平见表 2-33。

表 2-33　响应面实验因素水平

水平	X_1 料液比/(g/mL)	X_2 乙醇体积分数/%	X_3 微波时间/s	X_4 微波功率/W
−1	1：45	45	90	264
0	1：50	50	100	440
1	1：55	55	110	616

（4）抗氧化研究

①羟基自由基清除率测定。取 7 支试管,分别加入 12 mmol/L FeSO$_4$ 溶液和 12 mmol/L 水杨酸-乙醇溶液各 2 mL。在 1 号管中加入 2 mL 蒸馏水,2 至 7 号试管对应加入不同浓度的茶多糖溶液 2 mL,最后在 1 至 6 号试管中加入 2 mL 浓度为 3% 的 H$_2$O$_2$ 溶液,7 号试管加入 2 mL 蒸馏水,40℃反应 25 min。在波长 510 nm 处,测定吸光度。清除率计算公式为:

$$清除率/\% = [A_0 - (A_X - A_{X0})]/A_0 \times 100\%$$

式中:A_0 为空白对照液的吸光度;A_X 为加入待测溶液后的吸光度;A_{X0} 为待测溶液的底物吸光度。

②超氧阴离子自由基清除率测定。取 5 支试管,分别加入 0.05 mol/L Tris-HCl 缓冲液(pH 8.0)各 5 mL,置于 37℃水浴锅中保温 20 min,再加入 2 mL 不同浓度的样品溶液和 0.5 mL 0.025 mol/L 邻苯三酚溶液,混匀后于 37 ℃水浴中反应 6 min,最后加入 1 mL 0.1 mol/L HCl 终止反应,在波长 320 nm 处测定吸光度。清除率计算公式为:

$$清除率/\% = (A_0 - A_X)/A_0 \times 100\%$$

式中:A_0 为空白对照液的吸光度;A_X 为样品溶液的吸光度。

7. 结果与分析

（1）单因素实验

①料液比的影响。准确称取 5 份茶叶粉末,每份为 1.0 g,分别按料液比 1：40,1：45,1：50,1：55 和 1：60（g/mL）,在乙醇体积分数 45%,微波时间 90 s,微波功率 264 W 的条件下进行提取。在波长 625 nm 处测定吸光度,将吸光度代入标准曲线回归方程,结果见图 2-28。

由图 2-28 可知,料液比在 1：50（g/mL）之前,随着料液比的增加,茶多糖提取率增大,在料液比为 1：50（g/mL）时达到最大,之后提取率降低。这可能是因为提取出来的葡萄糖已经达到了饱和浓度,如果继续增大料液比的量会稀释葡萄

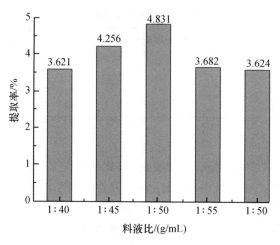

图 2-28　料液比的选择

糖浓度,导致提取率下降。所以选择 1∶50（g/mL）为最佳料液比。

　　②乙醇体积分数的影响。准确称取 5 份 1.0 g 茶叶粉末,分别按乙醇体积分数 40％、45％、50％、55％和 60％,在料液比 1∶50（g/mL）,微波功率 264 W,微波时间 100 s 的条件进行提取,在波长 625 nm 处测定吸光度,将吸光度代入标准曲线回归方程,结果见图 2-29。

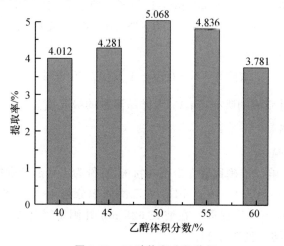

图 2-29　乙醇体积分数选择

　　由图 2-30 可知,随着乙醇体积分数的增加,茶多糖提取率增大,在乙醇体积分数为 50％时达到最大,之后随着乙醇体积分数增加而降低。这可能是因为乙醇对细胞壁和细胞膜的溶解度已达到最佳状态,如果继续增大乙醇体积分数可能会降低其对细胞壁和细胞膜的溶解度,从而导致提取率下降。所以,选择 50％为最佳乙醇体积分数。

③微波时间的影响。准确称取 5 份 1.0 g 茶叶粉末,分别按微波时间 80、90、100、110 和 120 s,在乙醇体积分数 45％,料液比 1∶50（g/mL）,微波功率 264 W 的条件下进行提取,在波长 625 nm 处测定吸光度,将吸光度代入标准曲线回归方程,结果见图 2-30。

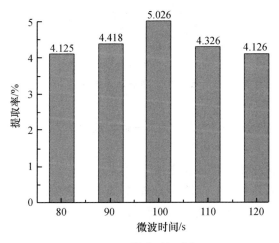

图 2-30 微波时间选择

从图 2-30 可知,开始时随微波时间的增加,茶多糖提取率增大,在微波时间为 100 s 时达到最大,之后提取率降低。这可能是因为微波功率为 264 W 时,对细胞破碎最佳。如果继续增加微波时间,细胞可能会完全破碎,细胞内的黏液等杂质会进入提取液,从而导致提取率下降。由此可得,100 s 为最佳微波时间。

④微波功率的影响。准确称取 5 份 1.0 g 茶叶粉末,分别按微波功率 136、264、440、616 和 800 W,在料液比 1∶50（g/mL）,乙醇体积分数 50％,微波时间 100 s 的条件下进行提取,在波长 625 nm 处测定吸光度,将吸光度代入标准曲线回归方程,结果见图 2-31。

由图 2-31 可知,随着微波功率的增加,茶多糖提取率增大,在微波功率为 440 W 时达到最大,之后随功率增大而降低。这可能是因为微波辐射出的能量恰好使细胞壁和细胞膜的破坏达到最佳状态。如果继续增加微波功率,辐射出的能

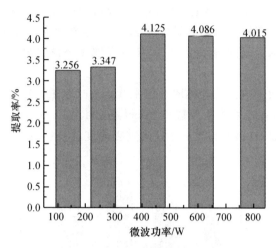

图 2-31 微波功率选择

量过大，会破坏葡萄糖的分子结构，从而导致提取率下降。所以，选择 440 W 为最佳微波功率。

（2）响应面法优化微波提取茶多糖

①响应面实验设计。为了能够得到都匀毛尖茶多糖的最佳条件，以料液比、乙醇体积分数、微波时间及微波功率，进行 4 因素 3 水平的响应面分析实验，实验设计、结果及分析见表 2-34 至表 2-36。

表 2-34 响应面实验设计及实验结果

实验号	因素				Y 提取率
	X_1	X_2	X_3	X_4	/%
1	−1	−1	0	0	3.83
2	1	−1	0	0	4.18
3	−1	1	0	0	3.06
4	1	1	0	0	4.42
5	0	0	−1	−1	3.39
6	0	0	1	−1	3.9
7	0	0	−1	1	2.91
8	0	0	1	1	3.97
9	−1	0	0	−1	4.04
10	1	0	0	−1	4.53

续表2-34

| 实验号 | 因素 | | | | Y 提取率 |
	X_1	X_2	X_3	X_4	/%
11	−1	0	0	1	2.88
12	1	0	0	1	4.03
13	0	−1	−1	0	3.43
14	0	1	−1	0	3.23
15	0	−1	1	0	3.93
16	0	1	1	0	4.47
17	−1	0	−1	0	3.2
18	1	0	−1	0	3.82
19	−1	0	1	0	3.71
20	1	0	1	0	4.63
21	0	−1	0	−1	4.41
22	0	1	0	−1	4.38
23	0	−1	0	1	3.95
24	0	1	0	1	4.42
25	0	0	0	0	4.5
26	0	0	0	0	4.33
27	0	0	0	0	4.44

表 2-35　回归方程方差分析

方差来源	平方和(SS)	自由度(df)	均方(SM)	F 值	Prob>F	显著性
模型	6.44	14	0.46	5.56	0.0024	＊＊
X_1	1.99	1	1.99	24.45	0.0003	＊＊
X_2	$5.208e^{-0.03}$	1	$5.208e^{-0.03}$	0.064	0.8047	
X_3	1.79	1	1.79	21.92	0.0005	＊＊
X_4	0.52	1	0.52	6.34	0.0270	＊
X_1X_2	0.26	1	0.26	3.13	0.1023	
X_1X_3	0.023	1	0.023	0.28	0.6088	
X_1X_4	0.11	1	0.11	1.34	0.2702	
X_2X_3	0.14	1	0.14	1.68	0.2193	

续表 2-35

方差来源	平方和(SS)	自由度(df)	均方(SM)	F 值	Prob>F	显著性
$X_2 X_4$	0.063	1	0.063	0.77	0.3984	
$X_3 X_4$	0.076	1	0.076	0.93	0.3544	
X_1^2	0.43	1	0.43	5.27	0.0405	*
X_2^2	0.066	1	0.066	0.81	0.3858	
X_3^2	1.34	1	1.34	16.44	0.0016	* *
X_4^2	0.27	1	0.27	3.28	0.0954	
残差	0.98	12	0.081			
失拟项	0.96	10	0.096	12.96	0.0737	
纯误差	0.015	2	$7.433e^{-0.03}$			
误差和	7.42	26				

表 2-36 回归方程可靠性分析

项目	数值	项目	数值
Std. Dev.	0.29	R^2	0.8682
Mean	3.93	R_{adj}^2	0.7145
CV%	7.27	Adeq Precision	8.409

②模型建立与方差分析。利用 Design-Expert. V8.0 软件对表 2-34 响应值进行分析，得到了多元二次回归方程：$Y = 4.42 + 0.41X_1 + 0.021X_2 + 0.39X_3 - 0.21X_4 + 0.25X_1X_2 + 0.075X_1X_3 + 0.17X_1X_4 + 0.18X_2X_3 + 0.12X_2X_4 + 0.14X_3X_4 - 0.28X_1^2 - 0.11X_2^2 - 0.50X_3^2 - 0.22X_4^2$。

由表 2-35 可知，X_1、X_3、X_4、X_1^2、X_3^2 均表现为显著，说明各个因素对提取率的影响不是简单的线性关系。另外，还可以看出模型显著而失拟项不显著，说明建立的模型能够与实际有较好的拟合。由表 2-36 可知，回归决定系数 $R^2 = 0.8682$，说明有 86.8% 的响应面值符合此模型。校正决定系数 $R_{adj}^2 = 0.7145$，说明 71.5% 的实验数据的可变性可用此回归模型来解释。其中 CV 变异系数较小，为 7.27%，精密度 Adeq Precision = 8.409，说明此方程具有良好的稳定性和精密度。因此，利用此模型能很好地拟合微波提取都匀毛尖茶多糖。

③响应面分析。为了考察交互项对提取率的影响，在其他因素条件固定不变的情况下，考察交互项对提取率的影响，对模型进行降维分析。经 Design-Expert. V8.0

软件分析,得到响应面图见图 2-32。由图 2-32 可知,随着每个因素的增大,响应值增大;当响应值增大到极值后,随着因素的增大,响应值逐渐减小;在交互项对提取率的影响中,提取茶多糖的主次因素影响大小为 $X_1 > X_3 > X_4 > X_2$,即料液比>微波时间>微波功率>乙醇体积分数。

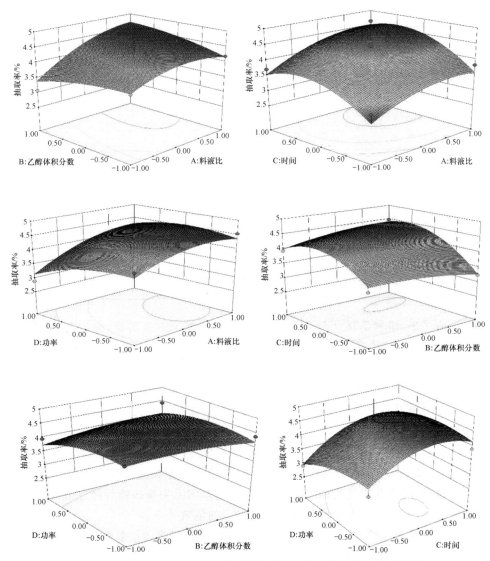

图 2-32　各因素交互对微波辅助提取茶多糖影响的三维响应曲面图

④最佳提取工艺确定。通过 Design-Expert. V8.0 软件分析,得出最佳提取工艺条件和都匀毛尖茶多糖理论最大提取率,并将最佳提取工艺条件进行优化,重复实验 4 次测定都匀毛尖茶多糖提取率,计算 RSD。提取条件优化与验证实验结果见表 2-37 和表 2-38。

表 2-37　提取条件优化

因素	条件		理论提取率/%
	理论	实际	
料液比/(g/mL)	1:55	1:55	
乙醇体积分数/%	55	55	4.95
微波时间/s	106.99	106	
微波功率/W	510.23	440	

表 2-38　验证实验结果

实验数	样品质量/g	提取率/%	平均提取率/%	RSD/%
1	1.0002	4.80		
2	1.0000	4.76	4.75	0.98
3	1.0000	4.69		
4	1.0001	4.72		

由表 2-37 和表 2-38 可知,在最佳提取工艺条件下重复实验,都匀毛尖茶多糖提取率为 4.75%,接近理论提取率 4.95%,RSD 为 0.98%,说明用响应面法建立的数学模型对都匀毛尖茶多糖提取具有稳定的可靠性。

(3)茶多糖的抗氧化性实验

①茶多糖对羟自由基的清除作用。按照前述抗氧化研究方法,平行实验 3 次,取平均值,结果见表 2-39。

由表 2-39 可知,随着都匀毛尖茶多糖浓度的增加,羟自由基清除率也随之增加,特别是在 5%～15% 时几乎呈正比。这可能是由于在此浓度范围内反应比较彻底,所以清除率几乎呈直线增加。由此得知,都匀毛尖茶多糖对羟自由基有较好的清除作用,并且在一定浓度范围内存在一定的量效关系。

②茶多糖对超氧阴离子自由基的清除作用。按照前述抗氧化研究方法,平行实验 3 次,求平均值,结果见表 2-40。

表 2-39	茶多糖对羟自由基的清除率 %
茶多糖浓度	羟自由基清除率
5	31.20
10	40
15	48.50
20	50
25	65

表 2-40	超氧阴离子自由基的清除作用 %
茶多糖浓度	超氧阴离子自由基清除率
5	20
10	32
15	40
20	50
25	60

由表 2-40 可知,随着都匀毛尖茶多糖浓度的增加,超氧阴离子自由基清除率也随之增加,特别是在 10%～25% 时几乎呈正比。这可能是由于在此浓度范围内反应比较彻底,所以清除率几乎呈直线增加。因此得知,都匀毛尖茶多糖对超氧阴离子自由基有较好的清除作用,并且在一定浓度范围内存在一定的量效关系。

8.结语

本实验融合了多学科知识体系,如植物化学、有机化学、天然产物化学等,是前期教师科研成果内容的教学转化。整个实验过程主要包括葡萄糖标准曲线绘制、单因素实验、响应面实验及抗氧化实验。该综合性实验可有效地将仪器分析、有机化学、天然产物化学及生物化学等理论知识点进行有机融合,并用于实践,提高学生的科学核心素养、创新能力及解决分析问题的能力。因此,可在地方院校新工科化工专业或制药工程专业高年级本科生中开设此实验。此类探究性实验的开展,可引导学生了解化工与制药学科的前沿知识,提高学生的实验技能和科学素养。本实验的开展可为地方院校新工科专业课程内容建设提供示范案例,也可为教师科研成果转化为实践教学提供重要的途径参考。

9.参考文献

[1] 王泽农. 茶叶生物化学[M]. 北京:农业出版社,1980.

[2] 汪东风,李俊,王常红,等. 茶叶多糖的组成及免疫活性的研究[J]. 茶叶科学,2000,20(1):45-49.

[3] 陈建国. 茶多糖的提取及其药理作用研究概况[J]. 中草药,2000(7):86-87.

[4] 李布青,张慧玲,舒庆龄,等. 中低档绿茶中茶多糖的提取及降血糖作用[J]. 茶叶科学,1996(1):67-72.

[5] 王淑如,王丁刚. 茶叶多糖的抗凝血及抗血栓作用[J]. 中草药,1992,23(5):254-256.

[6] 王健,龚兴国.多糖的抗肿瘤及免疫调节研究进展[J].中国生化药物杂志,2001,22(1):52-54.

[7] 靳丹虹,牛艳秋,陈博,等.微波提取法提取灵芝多糖的研究[J].长春医学,2007,5(3):20-21.

[8] 张代佳,刘传斌,修志龙.微波技术在植物细胞内有效成分提取中的应用[J].中草药,2000,31(9):5.

[9] 刘依,韩鲁佳.微波技术在板蓝根多糖提取中的应用[J].中国农业大学学报,2002,7(2):27-30.

[10] 魏学军,林先燕,李江,等.都匀毛尖冲泡的优化工艺研究[J].安徽农业科学,2012,40(21):11044-11045.

[11] 李鹤,马力,张诗静,等.微波辅助萃取提取茶叶中茶多糖的工艺研究[J].生命科学仪器,2010,8(4):50-53.

[12] 何传波,汤凤霞,熊何健.微波辅助提取铁观音茶多糖及其抗氧化活性研究[J].集美大学学报(自然科学版),2009,14(3):251-255.

[13] 吴琼英,戴伟.微波辅助提取条斑紫菜多糖及其抗氧化性研究[J].食品科技,2007(3):96-99.

[14] 范群艳,吴向阳,仰榴青.响应面分析法优化地木耳多糖提取工艺的研究[J].江苏大学学报(医学版),2007,17(3):236-240.

[15] 贺寅,王强,钟葵.响应面优化酶法提取龙眼多糖工艺[J].食品科学,2011,32(2):79-83.

[16] 王新风,杨芳,戈群妹,等.葎草多糖含量测定及其抗氧化性研究[J].广西植物,2009,29(3):413-416.

[17] 李仁伟,何键东,徐青,等.海芦笋黄酮类化合物抗氧化活性研究[J].安徽农业科学,2012,40(28):13989-13992.

[18] 王顺民,汤斌,余建斌,等.响应面法优化菜籽皮可溶性膳食纤维提取工艺[J].中国粮油学报,2011,26(9):98-103.

10.硕士研究生实践教学组织、建议、思考与创新

(1)教学组织　本实验可面向材料与化工工程硕士专业生物化工研究方向的学生开设,共分为4组,每组1~2人,共16学时,分4次课完成。实验内容安排如下。

①葡萄糖标准曲线制作(2学时);

②茶叶多糖的微波提取单因素及响应面优化实验(6学时);

③最佳工艺优化条件的验证、精密度实验(2学时);

④茶叶多糖降尿酸活性探索(6 学时)。

(2)教学建议

①建议学生提前查阅响应面和正交试验优化方法的比较;

②建议学生提前查阅茶叶中已知化学成分和相关结构式和生物酶 XOD 的活性位点;

③建议学生提前了解茶叶多糖的提取、分离及鉴定方法;

④建议学生讨论影响生物酶的因素,并结合酶催化反应分析可能存在的结合位点。

(3)思考与创新

①茶叶多糖在体外 XOD 生物活性上的差异性可能是什么因素导致的?

②茶叶多糖与酶相结合后,如何确定它们的结合方式和结合位点?

③茶叶多糖与其他类似物是否具有相同生物活性?

④茶叶多糖与 XOD 结合是怎么实现酶活性抑制的?

11. 本科生课程教学组织、建议、思考与创新

(1)教学组织　本实验可面向新工科专业(化工、制药、食品工程专业)的高年级(二年级以上)本科学生开设,共分为 4 组,每组 4~5 人,共 12 学时,分别进行以下实验内容。

①葡萄糖标准曲线制作(2 学时);

②茶叶多糖提取及工艺优化(6 学时);

③茶叶多糖提取工艺验证实验(4 学时)。

(2)教学建议

①建议学生分组协助完成;

②建议采用水、醇提取对比;

③建议教师在课前准备实物或图片供学生学习,增加感性认识;

④建议教师查阅相关文献,让学生知道茶叶中的有效成分,讲解各有效成分的作用以及对人体的作用,更加突出其多糖的作用;

⑤建议教师向学生介绍提取其多糖的方法,讨论如何有效提高提取率。

(3)思考与创新

①在提取茶叶多糖时如何测定其含量或提取率?

②响应面优化提取与其他提取方法比较有何不同?

③如何提高茶叶多糖的提取率?

12. 中学生课外活动教学组织、建议、思考与创新

(1)教学组织　本实验可面向中学化学(初级和高级中学)开设科技创新课外

活动课程，指导学生课后如何开展青少年科学创新活动。实验内容可分为4组，每组3～4人，共8学时。

①葡萄糖标准曲线绘制（2学时）；

②茶叶多糖的微波提取单因素实验（6学时）。

（2）教学建议

①实验活动前，建议指导教师给学生介绍实验的原理和目的，尽量结合生活案例进行讲解，如高尿酸、痛风等相关内容；

②建议在茶叶多糖提取时，讨论不同提取方式对多糖提取物含量的影响，如常规浸提、微波辅助提取、索氏提取、超声辅助提取等；

③建议在学生做实验前，指导教师先进行预实验，了解清楚实验过程中存在的关键步骤和要素，并撰写适合中学生实验的设计方案；

④在指导老师的协助下，学生参考教学案例完成茶叶多糖的提取，计算提取率，对实验中存在的问题进行讨论，分析可能存在的原因。

（3）思考与创新

①学生可通过单因素和正交、响应面实验方法设计茶叶多糖提取物的制备实验，筛选出较优的因素组合，实现茶叶多糖提取物的工艺优化；

②茶叶作为人们常用生活饮品之一，是否具有降尿酸作用值得探索，并探索与其类似的物质是否也具有相同或更加优异的生物活性；

③人体高尿酸的成因与哪些因素有关，可组织学生开展实地调研分析，如记录身边患高尿酸的亲戚或朋友的生活习惯（饮食、作息时间、运动类型及时间等），并加以分析，撰写调研报告和指导意见。

2.4.2　基于"单因素＋响应面实验优化设计"的微波提取阳荷水溶性膳食纤维工艺创新综合实验设计

1.科研成果简介

（1）论文名称：基于"单因素＋响应面实验优化设计"的微波提取阳荷水溶性膳食纤维工艺

（2）作者：陈仕学，郁建平，杨俊，等

（3）发表期刊及时间：食品科学，2014年，中文核心期刊

（4）发表单位：铜仁学院，贵州大学，印江刀坝初级中学

（5）基金资助：贵州省教育厅特色实验室建设项目［黔教合KY(2011)232］；贵州省高等学校重点支持学科项目［黔教合重点支持学科字(2011)232］；铜仁学院

院级科研启动项目[2011(TS1121)]

(6)研究图文摘要:

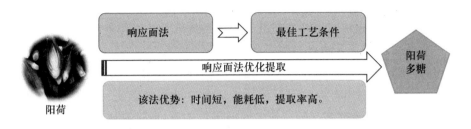

为了研究野生阳荷水溶性膳食纤维的最佳提取工艺,以提取时间、料液比、微波功率和浸提液 pH 为影响因素,进行 4 因素 3 水平的响应面实验设计,对其提取工艺条件进行优化。结果显示:最佳提取工艺条件为提取时间 151.4 s、料液比 1∶33 (g/mL)、微波功率 264 W、浸提液 pH 3.65,此条件下水溶性膳食纤维的提取率为 5.52%,与理论值 5.75%相差较小。由此可知,响应面法优化微波辅助提取阳荷水溶性膳食纤维具有时间短、能耗低、提取率高等特点。

2.教学案例概述

阳荷俗称洋姜、山姜等,属于姜科姜属,多年生草本植物,是一种营养价值很高、食药同源的膳食纤维蔬菜,富含蛋白质、氨基酸和丰富的膳食纤维等物质,具有活血、消肿、止咳化痰、助消化等功效。其膳食纤维具有很高的应用价值。膳食纤维(dietary fiber,DF)是指植物性食品中不能被人体消化酶完全分解的部分,根据其溶解性不同,可分为水溶性膳食纤维(SDF)和水不溶性膳食纤维(IDF)两大类。SDF 是指不被人体消化道酶消化,但可溶于温水,其水溶液又能被 4 倍体积的乙醇再沉淀的那部分物质。该物质也广泛应用于食品中。本实验开设了以学生为主导的"微波提取阳荷水溶性膳食纤维工艺创新综合实验"课程,可有效地弥补基础实验教学内容的单一化和学科知识交叉不足。本综合性实验课程内容可促使学生掌握仪器分析中的紫外-分光光度计使用方法和数据分析处理方法,同时,也有助于学生将已学的相关理论课程(如仪器分析、有机化学、天然产物化学等)紧密联系起来,提高学生理论应用能力,激发他们对科研工作的兴趣。更重要的是,实验内容设计内容丰富,融合了多学科知识,可较好地培养工科学生的工程观念、工程思维、解决复杂工程问题能力和科学探究意识,符合新工科背景下工程教育课程教学改革的新要求。本实验的主要内容包括:①最佳浸提剂确定;②单因素和响应面实验;③最佳工艺条件优化;④精密度实验。

3. 实验目的

(1)了解阳荷 SDF 的含量；

(2)掌握阳荷 SDF 的响应面优化微波辅助提取方法；

(3)熟悉阳荷 SDF 的响应面优化微波辅助提取工艺优化条件。

4. 实验原理与技术路线

(1)实验原理　响应面分析法，即响应曲面设计方法(response surface methodology，RSM)，是利用合理的实验设计方法并通过实验得到一定数据，采用多元二次回归方程来拟合因素与响应值之间的函数关系，通过对回归方程的分析来寻求最优工艺参数，解决多变量问题的一种统计方法。通过建立一个高阶的函数，近似模拟复杂的系统模型，实现方便的计算分析。

(2)技术路线　选材→脱脂→烘干→粉碎→过筛→加浸提剂搅匀→超声处理→过滤→滤液浓缩→除蛋白→离心取滤液→脱色→加无水乙醇沉淀→静置过夜→过滤→干燥(图 2-33)。

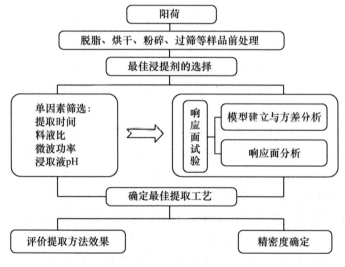

图 2-33　技术路线

5. 材料、试剂与仪器

(1)实验材料　野生阳荷采于梵净山附近林中，洗净、切碎、晒干，置于 60℃烘箱中干燥，室温密封保存备用。

(2)实验试剂　实验试剂见表 2-41。

表 2-41　实验试剂

实验试剂	生产厂家
无水乙醇(99.5%)	成都金山化学试剂有限公司
硫酸(95%)	成都金山化学试剂有限公司
乙酸乙酯(99.5%)	福晨(天津)化学试剂厂
三氯甲烷(氯仿)(95%)	成都市科龙化工试剂厂
正丁醇(95%)	衡阳市凯信化工试剂股份有限公司
乙酸(36%)	成都金山化学试剂有限公司

(3)实验仪器　实验仪器见表 2-42。

表 2-42　实验仪器

实验仪器	规格型号	生产厂家
电热鼓风干燥箱	101-3	北京科伟永兴仪器有限公司
循环水式真空泵	SHZ-D(Ⅲ)	巩义市予华仪器有限责任公司
微波炉	MM823EC8-PS(X)	广东美的微波电器制造有限公司
离心沉淀机	80-2	常州市金坛区中大仪器厂
秒表	—	—
pH 计	S-3C	上海雷磁创意仪器仪表有限公司
数显恒温水浴锅	HH-2	常州国华电器有限公司
多功能粉碎机	FW80	北京科伟永兴仪器有限公司
电子天平	AR124CN	奥豪斯仪器(上海)有限公司

6. 实验步骤

(1)阳荷 SDF 提取流程　烘干的阳荷干品在常温下用 350 mL 的乙酸乙酯浸提 3 h,用蒸馏水清洗残留的有机溶剂至样品无味,将其置于 60℃的烘箱内烘干,得脱脂样品。在脱脂样品中加入浸提剂,适当条件下超声处理,将样品过滤,取滤液水浴浓缩至 1/2 体积。用 Sevag(氯仿∶正丁醇=4∶1)试剂除蛋白,离心去沉淀,向滤液加入体积分数 5% 的过氧化氢溶液除色素,加入 4 倍体积无水乙醇室温静置过夜。用已干燥至恒质量的滤纸过滤,将滤纸及沉淀物置于 70℃干燥箱中干燥,直至质量不变为止。SDF 的测定参照文献。平行实验 3 次,求平均值,计算 SDF 的提取率。公式为:SDF 提取率=$(M_1-M_2)/M \times 100\%$。

式中：M 为阳荷样品的质量（g）；M_1 为干至恒质量滤纸质量（g）；M_2 为过滤后70℃烘干至恒质量的滤纸质量（g）。

（2）最佳浸提剂选择　称取 4 份 1.0 g 脱脂样品于烧瓶中，料液比 1：19 g/mL，分别加入 pH 为 4 的盐酸、硫酸、醋酸和 pH 为 9 的氢氧化钠，混匀，微波处理时间120 s，功率 264 W，经过滤、浓缩、除蛋白，最后加入 4 倍体积的乙醇，室温静置4 h，过滤干燥，计算 SDF 提取率。平行实验 3 次，取平均值。

（3）阳荷 SDF 提取单因素实验　准确称取 1.0 g 脱脂阳荷样品 5 份，以最佳浸提剂为溶剂，微波提取时间 40、80、120、160、300 s；料液比 1：19、1：24、1：29、1：34、1：39（g/mL）；功率 136、264、440、616、800 W；浸提液 pH 分别为 2、3、4、5、6，进行单因素实验。

（4）响应面实验　以微波提取时间、料液比、微波功率和浸提液 pH 为自变量，根据中心组合实验设计，采用 4 因素 3 水平的响应面分析方法求取优化的工艺参数，实验因素和水平设计见表 2-43。

表 2-43　响应面实验因素和水平

水平	X_1 提取时间/s	X_2 料液比/(g/mL)	X_3 微波功率/W	X_4 浸提液 pH
−1	80	1：24	136	3
0	120	1：29	264	4
1	160	1：34	440	5

（5）数据分析处理　单因素实验数据利用 SSPS 19.0 在 95% 和 99% 两个置信区间进行 Duncan's 新复极差多重比较，然后采用 Microsoft Office Excel 2023 作图。响应面优化实验数据采用 Design-Expert V8.0 分析处理和作图。

7．结果与分析

（1）最佳浸提剂的选择　不同浸提剂对提取率的影响见表 2-44。

表 2-44　不同浸提剂对提取率的影响

浸提剂种类	SDF 提取率/%	浸提剂种类	SDF 提取率/%
盐酸	2.7	醋酸	2.61
硫酸	3.12	氢氧化钠	2.43

由表 2-44 可知，使用 pH 为 4 的硫酸浸提剂得到 SDF 提取率最高，其原因可能是在硫酸作用下，细胞内的果胶和纤维素类物质容易溶出；盐酸的酸性比硫酸

强,醋酸是弱酸,在提取过程中使其加速电离,从而影响 SDF 的提取率;氢氧化钠为碱性,不利于其溶出,从而影响 SDF 的提取率。

(2)单因素实验

①微波提取时间选择。称取 5 份 1.0 g 脱脂阳荷样品在浸提液 pH 为 4、料液比 1∶19 (g/mL)、微波功率 264 W、不同提取时间条件下处理。经过除蛋白质后计算 SDF 提取率。平行实验 3 次,求平均值,结果见图 2-34。

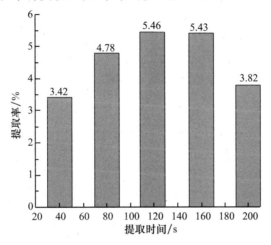

图 2-34　微波提取时间选择

由图 2-34 可知,提取开始,随着提取时间的延长,SDF 提取率也随之升高,但提取时间超过 120 s,SDF 提取率上升幅度较小,这是因为可溶性膳食纤维主要成分为果胶,而果胶中的原果胶溶解性较差,如果提取时间过短,则原果胶不能充分溶解出来,故适当延长提取时间,有利于阳荷中的果胶充分溶解,而提高果胶产量;但如果提取时间过长,会增加果胶被裂解的量,并且果胶在水溶液中的部分会被氢离子水解而降低果胶产量。因此,提取时间选择在 120 s 左右较为适宜。

②料液比选择。称取 5 份 1.0 g 脱脂阳荷样品在浸提液 pH 为 4、提取时间 120 s、微波功率 264 W、不同料液比条件下处理。经除蛋白质后计算 SDF 提取率。平行实验 3 次,求平均值,结果见图 2-35。

由图 2-35 可知,随着料液比的增加,SDF 提取率也随之升高。在料液比达到 1∶29 (g/mL)前,SDF 提取率变化较为明显。但之后,提取率降低,这是因为液体含量过大会吸收微波发射的能量,从而降低了 SDF 的提取率。因此,选择料液比 1∶29 (g/mL)较为适宜。

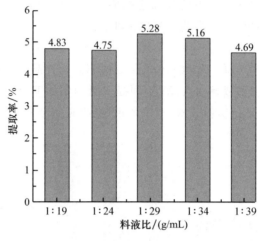

图 2-35　料液比选择

③微波功率选择。称取 5 份 1.0 g 脱脂阳荷样品在浸提液 pH 为 4、料液比 1∶29（g/mL）、提取时间 120 s、不同微波功率条件下处理。经除蛋白质后计算 SDF 提取率。平行实验 3 次,求平均值,结果见图 2-36。

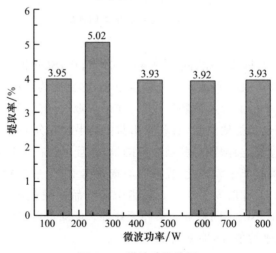

图 2-36　微波功率选择

由图 2-36 可知,在微波功率较低时,SDF 提取率随功率的升高而升高;当微波功率高于 264 W 时,SDF 提取率随着功率的升高而降低。这是由于 SDF 主要成分为天然果胶和β-葡聚糖,功率过高,会使其本身分子结构受到破坏,从而使提取率降低。因此,微波功率应控制在 264 W 左右较为适宜。

④浸提液 pH 选择   称取 5 份 1.0 g 脱脂阳荷样品按料液比 1∶29(g/mL)加入 pH 分别为 2、3、4、5、6 的浸提液,在微波功率 264 W、提取时间 120 s 的条件下微波处理。经除蛋白质后计算 SDF 提取率。平行实验 3 次,求平均值,结果见图 2-37。

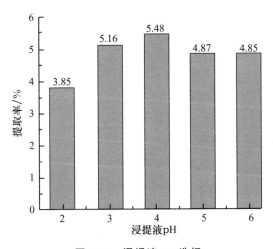

图 2-37   浸提液 pH 选择

由图 2-37 可知,浸提液 pH 为 2.0~4.0 时,SDF 提取率随着 pH 的升高而增加;当 pH>4.0 时,SDF 提取率随着 pH 的升高而降低。由于果胶质的水解是在一定酸性条件下进行的,酸性太弱,水解反应将进行得十分缓慢或者不发生反应;酸性太强,水解反应将会过于强烈,造成果胶脱脂裂解,使产品提取率降低。因此,浸提液 pH 控制在 4.0 左右较为适宜。

(3)响应面法优化微波提取 SDF

①响应面优化实验设计与结果。为了优化微波提取 SDF 的最佳条件,以提取时间(X_1)、料液比(X_2)、微波功率(X_3)、浸提液 pH(X_4)为自变量,以 SDF 提取率(Y)为响应值,进行响应面分析实验,方案与结果见表 2-45。表 2-45 中共 27 个实验,1~24 为析因实验,25~27 为中心实验,用以估计实验误差。方差分析见表 2-46。

表 2-45　响应面设计

实验号	X_1 提取时间 /s	X_2 料液比 /(g/mL)	X_3 微波功率 /W	X_4 浸提液 pH	Y/%
1	−1	−1	0	0	3.32
2	1	−1	0	0	4.33
3	−1	1	0	0	2.54
4	1	1	0	0	4.56
5	0	0	−1	−1	3.27
6	0	0	1	−1	4.09
7	0	0	−1	1	1.28
8	0	0	1	1	3.23
9	−1	0	0	−1	4.14
10	1	0	0	−1	5.14
11	−1	0	0	1	1.20
12	1	0	0	1	4.02
13	0	−1	−1	0	3.46
14	0	1	−1	0	2.54
15	0	−1	1	0	4.06
16	0	1	1	0	5.04
17	−1	0	−1	0	1.86
18	1	0	−1	0	2.79
19	−1	0	1	0	3.74
20	1	0	1	0	5.39
21	0	−1	0	−1	4.64
22	0	1	0	−1	5.04
23	0	−1	0	1	3.14
24	0	1	0	1	2.54
25	0	0	0	0	4.77
26	0	0	0	0	4.88
27	0	0	0	0	4.98

表 2-46　回归方程方差分析

方差来源	平方和	自由度	均方	F 值	P 值	显著性
模型	35.09	14	2.51	20.20	<0.0001	＊＊
X_1	7.48	1	7.48	60.27	<0.0001	＊＊
X_2	$5.911e^{-0.04}$	1	$5.911e^{-0.04}$	$4.764e^{-0.03}$	0.9461	
X_3	8.93	1	8.93	71.95	<0.0001	＊＊
X_4	8.93	1	8.93	71.98	<0.0001	＊＊
X_1X_2	0.26	1	0.26	2.06	0.1772	
X_1X_3	0.098	1	0.098	0.79	0.3918	
X_1X_4	0.83	1	0.83	6.67	0.0239	＊
X_2X_3	0.93	1	0.93	7.50	0.0180	＊
X_2X_4	0.25	1	0.25	2.01	0.1812	
X_3X_4	0.39	1	0.39	3.12	0.1028	
X_1^2	2.03	1	2.03	16.32	0.0016	＊＊
X_2^2	0.63	1	0.63	5.08	0.0437	＊
X_3^2	5.68	1	5.68	45.76	<0.0001	＊＊
X_4^2	3.23	1	3.23	26.07	0.0003	＊＊
残差	1.49	12	0.12			
失拟项	1.47	10	0.15	13.29	0.0719	
纯误差	0.022	2	0.011			
误差和	36.57	26				

②模型建立与方差分析。回归方程可靠性分析见表 2-47。

表 2-47　回归方程可靠性分析

项目	数值	项目	数值
标准差	0.35	R^2	0.9584
均值	3.70	R_{adj}^2	0.9099
变异系数/%	9.51	精密度/%	15.367

利用响应面分析法优化微波辅助提取阳荷 SDF 的工艺参数，并采用 Design-Expert V8.0 软件进行分析，结果见表 2-45。对表 2-45 结果进行统计分析，可建立如下多元二次回归方程：$Y=5.04+0.80X_1-7.132\times10^{-3}X_2+0.86X_3-0.88X_4+$

$0.25X_1X_2+0.16X_1X_3+0.45X_1X_4+0.48X_2X_3-0.25X_2X_4+0.31X_3X_4-0.62X_1^2-0.34X_2^2-1.06X_3^2-0.78X_4^2$。对二次回归方程进行方差及可靠性分析，结果见表2-46。从表2-46可知，该二次回归方程的一次项、二次项及交互项中的 X_1、X_3、X_4、X_1X_4、X_2X_3、X_1^2、X_2^2、X_3^2、X_4^2 均表现出了显著水平，该二次回归方程整体模型比较显著，并且失拟项不显著，说明该回归模型与实测值能较好地拟合。

③响应面分析。为了考察交互项对提取率的影响，在其他因素条件固定不变的情况下，考察交互项对提取率的影响，对模型进行降维分析。经 Design-Expert V8.0 软件分析可得响应面图（图2-38）。由图2-38可知，随着各因素的增

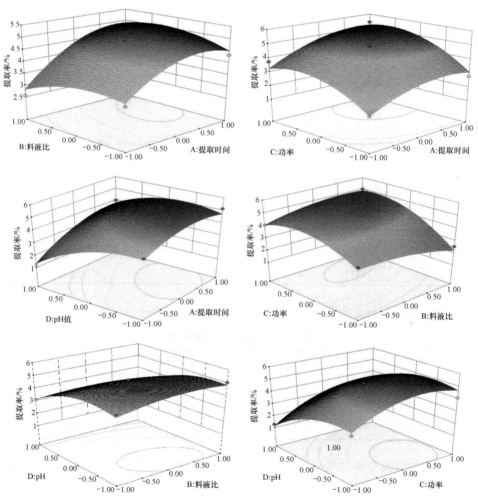

图2-38　提取时间、料液比、微波功率与浸提 pH 对 SDF 提取率交互影响响应面图

大,响应值增大;当响应值增大到极值后,随着因素的增大,响应值逐渐减小;在交互项对提取率的影响中,即提取时间与浸提液 pH(X_1X_4)和料液比与微波功率(X_2X_3)之间交互作用明显,与方差分析结果相一致。由此可知,影响微波提取阳荷 SDF 的主次因素为 $X_4 > X_3 > X_1 > X_2$,即浸提液 pH>微波功率>提取时间>料液比。

④最佳提取工艺确定。通过 Design-Expert V8.0 对二元回归方程求最大值得到最佳提取工艺条件和 SDF 理论最大提取率,并根据实验室条件将最佳提取工艺条件进行优化。在优化条件下,重复实验 5 次,测定 SDF 提取率,并计算相对标准偏差。条件与结果见表 2-48 和表 2-49。

表 2-48　提取条件优化

因素	条件		理论提取率/%
	理论	实际	
提取时间/s	151.4	151.4	
料液比/(g/mL)	1:33.04	1:33	5.75
微波功率/W	377.93	264	
浸提液 pH	3.65	3.65	

表 2-49　验证实验结果

实验号	样品质量/g	提取率/%	平均提取率/%	相对标准偏差/%
1	1.0001	5.53		
2	1.0000	5.63		
3	1.0001	5.58	5.52	1.52
4	1.0001	5.39		
5	0.9999	5.47		

由表 2-48 和 2-49 可知,在最佳提取工艺下重复实验,SDF 提取率为 5.52%,相对标准偏差为 1.52%,接近理论提取率 5.75%,说明响应面法建立的阳荷 SDF 提取数学模型对阳荷 SDF 提取稳定可靠,能指导实际生产应用。

(4)SDF 精密度实验　按验证实验中 1 号样品称量,在最佳提取工艺下进行提取,同一条件下测量 SDF 提取率,结果见表 2-50,重复实验 5 次,得到相对标准偏差为 0.21%,说明用此方法测量 SDF 提取率的精密度较高。

表 2-50　精密度实验结果

实验号	样品质量/g	提取率/%	平均提取率/%	相对标准偏差/%
1		5.52		
2		5.53		
3	1.0001	5.55	5.53	0.21
4		5.52		
5		5.54		

（5）不同提取方法比较　不同提取方法比较见表 2-51。

表 2-51　不同提取方法对阳荷 SDF 提取率的影响

提取方法	料液比/(g/mL)	提取时间	提取率/%
常规提取方法	1∶60	2.5 h	1.58
超声波法	1∶41	39 min	3.33
微波法	1∶35	3 min	4.19
响应面优化微波法	1∶33	151.4 s	5.52

　　由表 2-51 可知，响应面法优化微波法提取 SDF 所需料液比最小，提取时间最短，SDF 提取率最高。这说明响应面优化微波辅助提取阳荷 SDF 具有时间短、能耗低、提取率高等特点。

8.结语

　　本实验融合了多学科知识体系，如植物化学、仪器分析、有机化学等，是一个研究创新型综合化学实验，也是前期教师科研成果内容的教学转化。本实验将响应面法运用到优化阳荷 SDF 的提取工艺研究中，经实验优化后的微波提取阳荷 SDF 的最佳工艺条件为：提取时间 151.4 s、料液比 1∶33 g/mL、微波功率 264 W、浸提液 pH 3.65。在此条件下，SDF 提取率为 5.52%，理论最大提取率为 5.75%，与 Design-Expert. V8.0 分析预测值相差较小，说明响应面法建立的阳荷 SDF 提取数学模型稳定可靠，能指导实际生产应用。整个实验过程主要包括最佳浸提剂选择、微波辅助提取的单因素实验和响应面实验、最佳工艺优化及精密度实验等操作。该综合性实验可有效地将多门学科等理论知识点进行有机融合，并用于实践，可提高学生的科学核心素养、创新能力及解决分析问题的能力。本实验的开展可为地方院校新工科专业课程内容建设提供示范案例，也可为教师科研成果转化为实践教学提供重要的途径参考。

9. 参考文献

[1] 钱崇澍,陈焕镛. 中国植物志[M]. 北京:科学出版社,1981.

[2] 陈仕学,郁建平. 梵净山野生阳荷红色素的提取及理化性质研究[J]. 山地农业生物学报,2010,29(5):432-439.

[3] 朱玉昌,周大寨,彭辉. 阳荷红色素的提取及稳定性研究[J]. 食品科学,2008,29(8):293-297.

[4] 扈晓杰,韩冬,李铎. 膳食纤维的定义、分析方法和摄入现状[J]. 中国食品学报,2011,11(3):133-137.

[5] 刘成梅,李资玲,梁瑞红,等. 膳食纤维的生理功能与应用现状[J]. 食品研究与开发,2006,27(20):121-125.

[6] 吴洪斌,王永刚,郑刚,等. 膳食纤维生理功能研究进展[J]. 中国酿造,2012,31(3):13-16.

[7] 黄才欢,欧仕益,张宁,等. 膳食纤维吸附脂肪、胆固醇和胆酸盐的研究[J]. 食品科技,2006,31(5):133-136.

[8] 张根义,柴艳伟,冷雪. 谷物膳食纤维与结肠健康[J]. 食品与生物技术学报,2012,31(2):124-133.

[9] 彭晓,张蕾蕾,常雅宁,等. 微波法提取紫苏黄酮类物质及其成分分析[J]. 食品科学,2012,33(22):53-57.

[10] 王文君,欧阳克蕙,徐明生,等. 三叶草中水溶性膳食纤维的提取工艺研究[J]. 食品科技,2009,34(4):88-93.

[11] 吴素蕊,郑淑彦,桑兰,等. 金针菇菇脚可溶性膳食纤维提取工艺研究[J]. 食品工业科技,2012,33(11):300-302.

[12] 黄鹏,刘畅,王珏,等. 沙棘水溶性膳食纤维的提取及结构分析[J]. 食品科技,2011,36(2):203-211.

[13] 李红霞,王世清,于丽娜,等. 微波提取花生茎中水溶性膳食纤维的工艺优化[J]. 食品科学,2010,31(22):221-225.

[14] 宋维春,徐云升,曹阳. 微波提取香蕉茎干中水溶性膳食纤维的工艺研究[J]. 食品科学,2009,30(6):60-63.

[15] 陈仕学,杨俊,唐红,等. 梵净山野生阳荷水溶性膳食纤维的提取工艺研究[J]. 食品工业科技,2013,34(8):266-269.

[16] Leila Picolli Dasilva,de Lourdes Santorio Ciocca Maria. Total,insoluble and soluble dietary fiber values measured by enzymatic-gravimetric method in cereal grains[J]. J. Food Compos. Anal,2005,18(1):113-120.

［17］柳嘉,李坚斌,刘健,等．响应面法优化豆渣水溶性膳食纤维提取过程的研究［J］．食品科技,2011,36(9):276-280.

［18］李昊虬,王国泽,孙晓宇．响应面法优化河套蜜瓜皮水溶性膳食纤维提取工艺的研究［J］．食品工业科技,2012,33(7):254-256＋259.

［19］洪华荣．胡萝卜渣膳食纤维提取工艺及其功能特性研究［D］．福州:福建医科大学,2007.

［20］魏丹．荸荠果皮膳食纤维提取工艺的研究［D］．合肥:合肥工业大学,2007.

［21］姜亚东,贾玉山,格根图,等．苜蓿水溶性膳食纤维提取方法的研究［J］．内蒙古草业,2006,18(3):51-53.

［22］韩扬,何聪芬,董银卯,等．响应面法优化超声波辅助酶法制备燕麦 ACE 抑制肽的工艺研究［J］．食品科学,2009,30(22):44-49.

［23］王新雯,海洪,金文英,等．微波-超声波联合提取银杏叶黄酮工艺的响应面法分析［J］．食品科技,2010,35(3):189-193.

［24］Giovinnim. Response surface methodology and product optimization［J］. Food Technology,1999,37(2):41-45.

［25］王顺民,汤斌,余建斌,等．响应面法优化菜籽皮可溶性膳食纤维提取工艺［J］．中国粮油学报,2011,26(9):98-103.

［26］刘旭辉,姚丽,覃勇荣,等．豆梨多糖提取工艺条件的初步研究［J］．食品科技,2011,36(3):159-163.

［27］陈义勇,窦祥龙,黄友如,等．响应面法优化超声-微波协同辅助提取茶多糖工艺［J］．食品科学,2012,33(4):100-103.

10.硕士研究生实践教学组织、建议、思考与创新

(1)教学组织　本实验可面向材料与化工工程硕士专业生物化工研究方向的学生开设,共分为 4 组,每组 1～2 人,共 16 学时,分 4 次课完成。实验内容安排如下。

①最佳浸提剂选择(1 学时);

②阳荷 SDF 的微波提取(2 学时);

③响应面微波辅助提取阳荷 SDF 的工艺优化(6 学时);

④最佳工艺优化条件的验证、精密度实验(3 学时);

⑤阳荷 SDF 降尿酸活性探索(4 学时)。

(2)教学建议

①建议学生提前查阅响应面和正交试验优化方法的比较;

②建议学生提前查阅阳荷中已知化学成分、相关结构式和生物酶 XOD 的活性位点;

③建议学生提前了解阳荷 SDF 的提取、分离及鉴定方法;

④建议学生讨论影响生物酶的因素,并结合酶催化反应分析可能存在的结合位点。

(3)思考与创新

①阳荷 SDF 在体外 XOD 生物活性上的差异性可能是什么因素导致的?

②阳荷 SDF 与酶相结合后,如何确定它们的结合方式和结合位点?

③阳荷 SDF 与其他类似物是否具有相同生物活性?

④阳荷 SDF 与 XOD 结合是怎样实现酶活性抑制的?

11. 本科生实践教学组织、建议、思考与创新

(1)教学组织　本实验可面向新工科专业(化工、制药、食品工程专业)的高年级(二年级以上)本科学生开设,共分为 4 组,每组 4~5 人,共 12 学时,分别进行以下实验内容。

①微波提取阳荷 SDF(4 学时);

②响应面优化微波提取阳荷 SDF 工艺优化(6 学时);

③阳荷 SDF 提取工艺验证实验(2 学时)。

(2)教学建议

①建议学生分组协助完成;

②建议采用水、醇提取对比;

③建议教师在课前准备实物或图片供学生学习,增加感性认识;

④建议教师查阅相关文献,让学生知道阳荷中的有效成分,讲解各有效成分的作用以及对人体的作用,注意突出其 SDF 的作用;

⑤建议教师向学生介绍提取阳荷 SDF 的方法,讨论如何有效提高提取率。

(3)思考与创新

①在提取阳荷 SDF 时如何测定其含量或提取率?

②响应面优化提取与其他提取方法比较有何不同?

③如何提高阳荷 SDF 的提取率?

12. 中学生课外活动教学组织、建议、思考与创新

(1)教学组织　本实验可面向中学化学(初级和高级中学)学生开设科技创新课外活动课程,指导学生课后如何开展青少年科学创新活动。实验内容共分为

4组，每组3~4人，共8学时。

①阳荷SDF的微波提取(2学时)；

②阳荷SDF的响应面微波提取工艺条件优化(4学时)；

③阳荷SDF提取的验证实验和精密度实验(2学时)。

(2)教学建议

①实验活动前，建议指导教师给学生介绍实验的原理和目的，尽量结合生活案例进行讲解，如高尿酸、痛风等相关内容；

②建议在进行阳荷SDF提取时，讨论不同提取方式对SDF提取物含量的影响，如常规浸提、微波辅助提取、索氏提取、超声辅助提取等；

③建议在学生做实验前，指导教师先进行预实验，使学生了解清楚实验过程中存在的关键步骤和要素，并撰写适合中学生实验的设计方案；

④在指导老师的协助下，学生参考教学案例完成阳荷SDF的提取，计算提取率；对实验中存在的问题进行讨论，分析可能存在的原因。

(3)思考与创新

①学生可通过单因素和正交、响应面实验方法设计阳荷SDF提取物的制备实验，筛选出较优的因素组合，实现阳荷SDF提取物的工艺优化；

②阳荷作为药食同源的代表之一，是否具有降尿酸作用值得探索，并探索与其类似的物质是否也具有相同或更加优异的生物活性；

③人体高尿酸的成因与哪些因素有关，可组织学生开展实地调研分析，如记录身边患高尿酸的亲戚或朋友的生活习惯(饮食、作息时间、运动类型及时间等)，并加以分析，撰写调研报告和指导意见。

2.4.3 基于响应面分析方法对黄嘌呤氧化酶体外活性模型双重指标评价体系优化研究

1.科研成果简介

(1)论文名称：基于响应面分析方法对黄嘌呤氧化酶体外活性模型双重指标评价体系优化研究

(2)作者：姚元勇，张萌，陈仕学

(3)发表期刊及时间：待发表

(4)发表单位：铜仁学院

(5)研究图文摘要：

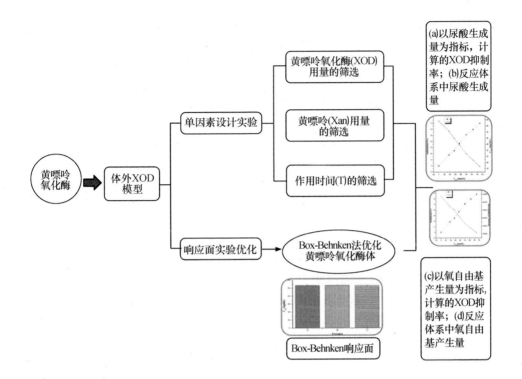

目的:更加客观地评价具有潜在抑制黄嘌呤氧化酶生物活性药效成分的可靠性。方法:本研究首先通过单因素和响应面 Box-Behnken 法优化分析,构建黄嘌呤氧化酶活性双重指标评价体系(尿酸生成量和自由基产生量),并采用紫外-分光光度计和电子顺磁共振法分别对尿酸生成量和超氧阴离子自由基产生量进行测定。其次,采用酶活性实验验证对响应面 Box-Behnken 法优化后的理论模型进行实践评价。最后,采用临床药物别嘌呤醇对优化后的黄嘌呤氧化酶生物活性模型进行药效分析实验。结果:Box-Behnken 法优化后的黄嘌呤氧化酶体外活性模型构建因素组成条件为:在 XOD 用量浓度为 100 mU/mL、Xan 用量浓度为 3.0 mmol/L 和作用反应时间为 30 min 时,黄嘌呤氧化酶体外活性模型中尿酸生成量和自由基产生量的最高理论值分别为 55.22 $\mu g/mL$ 和 7.46513e^6,与实验值[尿酸生成量(53.45±0.80) $\mu g/mL$ 和超氧阴离子产生量/(I)(6768827.86±428767.43)]相近。另外,在别嘌呤醇抑制黄嘌呤氧化酶生物活性药效分析方面,别嘌呤醇随着药物浓度的增加,以尿酸生成量为指标,其抑制率可达到 69.62%,其 IC50 值为 494.1 $\mu mol/L$;以氧自由基产生量为指标,其抑制率可达到 68.35%,其 IC50 值也为 494.1 $\mu mol/L$。结论:采用响应面 Box-Behnken 法构建的黄嘌呤

氧化酶活性双重指标评价体外模型，具有较好的稳定性、可靠性及合理性。

2. 教学案例概述

高尿酸血症作为常见的代谢性疾病之一，是引发多种潜在疾病的重要因素，如痛风、高血压、慢性肾病等。目前，高尿酸血症的发生机制已相对比较明确，主要归咎于人体内嘌呤代谢紊乱导致生物活性酶——黄嘌呤氧化酶（XOD）生物催化作用。黄嘌呤氧化酶是一种专一性不高的黄素蛋白酶，广泛地存在于哺乳动物体内，可有效地催化黄嘌呤（Xan）或次黄嘌呤（Hxan）生成尿酸，在此过程中，伴随着氧分子的单电子氧化还原作用，产生超氧阴离子自由基（$O_2^{·-}$）。当人体内 XOD 的生物活性过高，尿酸生成量大于排出量时，则血液中的尿酸含量高于正常水平值，从而促使高尿酸血症的形成。另外，超氧阴离子自由基（$O_2^{·-}$）在体内的产生量高于身体自身的清除能力时，也就是说，身体处于氧化与抗氧化体系失衡状态时，则会引起器官组织的氧化应激生理病变。因此，在针对治疗高尿酸血症医药研发方面，研究者们的关注焦点主要集中于 XOD 生物活性的高效抑制和血液中尿酸分子的体外排泄作用。

黄嘌呤氧化酶活性评价是筛选具有潜在治疗高尿酸血症药效成分的重要途径之一。因此，建立一个稳定、可靠及合理的体外活性酶模型是潜在药物研发必不可少的部分。近年来，陆续出现了有关黄嘌呤氧化酶生物活性抑制和超氧阴离子自由基清除能力评价方法的报道。例如，在黄嘌呤氧化酶生物活性抑制评价方法方面，可利用分光光度扫描法和高效液相色谱法，有效地对尿酸的生成量进行检测分析，从而评价黄嘌呤氧化酶的生物活性。在超氧阴离子自由基清除能力评价方法方面，则可采用化学发光方法、光谱法、电子自旋共振法、UHPLC-TQ-MS 法及 WST-1 染料甲臜光谱法，对药效成分超氧阴离子自由基清除能力进行评价。以上方法对高尿酸血症靶向药物的研发工作也具有重要的意义。然而，以上大多数评价黄嘌呤氧化酶活性方法主要是以单一指标评价为主，也就是尿酸的生成量，未能全面地揭示黄嘌呤氧化酶参与嘌呤代谢过程中的真实情况。因此，建立以黄嘌呤氧化酶抑制和超氧阴离子自由基清除能力为双靶点的双重评价方法可更加深入地了解具有潜在治疗高尿酸药效成分的双重行为。

本综合性实验课程结合了方法学——单因素设计实验和响应面优化等方法，优化了黄嘌呤氧化酶活性模型构建，并确定各因素最优组合方式。同时，该实验课程包含了仪器分析化学内容，例如紫外-分光光度计（UV-Vis）和电子顺磁共振波谱仪（EPR）的原理、使用方法和图谱解析，对培养学生自主设计实验思维和逻辑分析能力，具有较好的支撑作用。

3．实验目的

(1)了解黄嘌呤氧化酶在机体嘌呤代谢过程中的作用与地位；

(2)了解黄嘌呤氧化酶生物反应特征及生物催化过程；

(3)熟悉影响黄嘌呤氧化酶生物活性与抑制剂的关系；

(4)掌握紫外-分光光度计(UV-Vis)和电子顺磁共振波谱仪(EPR)的工作原理和操作方法；

(5)重点掌握单因素设计和响应面优化方法的原理与使用，并能独立完成实验设计优化。

4．实验原理与技术路线

本综合性实验原理是基于"生物酶活性优化"的学术思想，采用单因素设计实验和响应面优化等方法，完成基于双重指标评价的体外黄嘌呤氧化酶活性模型最优。另外，通过靶标药物别嘌呤醇进行模型评价验证，为具有潜在治疗高尿酸血症药效成分的筛选工作提供更稳定、可靠且合理的模型构建方法。实验技术路线如图 2-39 所示。首先，构建黄嘌呤氧化酶体外活性模型单因素实验设计，考察主要因素对酶的生物活性影响；其次，响应面 Box-Behnken 法优化黄嘌呤氧化酶体外活性模型建立设计；最后，进行黄嘌呤氧化酶活性抑制验证实验。

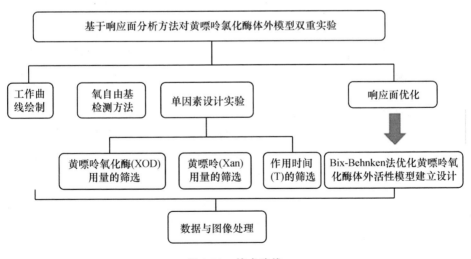

图 2-39　技术路线

5．实验试剂与仪器

(1)实验试剂　实验试剂见表 2-52。

表 2-52　实验试剂

实验试剂	生产厂家
DMPO(5,5-二甲基-1-吡咯啉-N-氧化物)	上海阿拉丁生化科技股份有限公司
黄嘌呤氧化酶(Xanthine Oxidase,XOD)	—
黄嘌呤(Xanthine,Xan)	—
别嘌呤醇(Allopurinol,Allo)	—
尿酸(Uric Acid,UA)	—
焦磷酸钠缓冲溶液(0.1 mol/L,自配)	—
EDTA	—
磷酸	—

（2）实验仪器　实验仪器见表 2-53。

表 2-53　实验仪器

实验仪器	规格型号	生产厂家
电子顺磁共振波谱仪	布鲁克 A300	布鲁克(北京)仪器公司
紫外-分光光度计	UV-759S	上海精密科学仪器有限公司
超声清洗仪	YQ-020A	上海易净超声波仪器有限公司
电子天平	FA124	上海舜宇恒平科学仪器有限公司

以上试剂均为分析级,实验用水均为二次蒸馏水。

①0.1 mol/L 焦磷酸钠缓冲溶液配制:准确称量焦磷酸钠 5.318 g、EDTA 0.0175 g 超声溶解于纯净水,定容至 200 mL,并用磷酸调 pH＝7.5,现用现配。

②尿酸母液配制(125 μg/mL):精密称取 0.0025 g 固体尿酸标准品溶于 20 mL 纯净水。

③不同梯度浓度尿酸标准溶液配制:分别量取尿酸母液溶液 0.2、0.4、0.6、0.8 及 1.0 mL,并用水稀释至 10 mL,配制成 2.5、5、7.5、10 和 12.5 μg/mL 浓度的尿酸溶液。

6．实验步骤

（1）工作曲线绘制　采用紫外-分光光度计对不同梯度浓度的尿酸标准溶液进行光谱扫描。在波长为 290 nm 处,对尿酸溶液进行吸光度值测定。曲线方程为

$y=0.0497x+0.0057, R^2=0.9995$(图 2-40)。

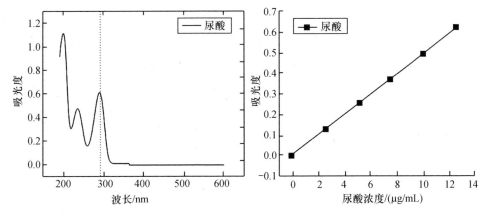

图 2-40 尿酸标准工作曲线

(2)氧自由基检测方法 用移液枪吸取 100 μL 的黄嘌呤氧化酶——黄嘌呤催化反应体系溶液,并转移至石英管中,然后加入已配制的 DMPO 甲醇液(100 mg/L,10 μL),并用毛细吸管吸入溶液,将毛细吸管放入石英核磁管中,将石英管直接插入仪器测试。

EPR 检测条件:中心磁场 3500.00 G;扫场宽度 150.00 G;扫场时间 30.00 s;微波功率 3.99 mW;调制幅度 1.000 G;转换时间 40.0 ms。

(3)构建黄嘌呤氧化酶体外活性模型单因素实验设计 根据黄嘌呤氧化酶体外活性模型的构建及因素确定,选择 XOD 用量、Xan 用量和作用时间(t)作为考察因素,并分别对每种因素在 5 个水平下的尿酸生成量和氧自由基产生量进行考察。用量和作用时间单因素筛选见表 2-54。

表 2-54 XOD 用量、Xan 用量和作用时间单因素筛选

水平	因素		
	XOD 用量/(mU/mL)	Xan 用量/(mmol/L)	作用时间/min
1	1	0.03	0
2	3	0.1	5
3	10	0.3	10
4	30	1	20
5	100	3	30

①黄嘌呤氧化酶（XOD）用量的筛选：在 0.1 mol/L 焦磷酸钠缓冲溶液（0.4 mL）中分别加入浓度为 1、3、10、30、100 mU/mL 的 XOD 水溶液（1.6 mL）。同时，加入 1 mmol/L 的 Xan 水溶液（1 mL），作用时间（t）为 20 min，反应温度（35±2）℃。研究不同浓度的 XOD 对黄嘌呤氧化酶体外活性模型的影响。参比液：2 mL 缓冲液＋1 mL 的 Xan 溶液（1 mmol/L）。每组实验重复 3 次。

②黄嘌呤（Xan）用量的筛选：在 0.1 mol/L 焦磷酸钠缓冲溶液（0.4 mL）中分别加入浓度为 0.03、0.1、0.3、1、3 mmol/L 的 Xan 水溶液（1.0 mL）。同时，加入 30 mU/mL 的 XOD 水溶液（1.6 mL），作用时间（t）为 20 min，反应温度（35±2）℃。研究不同浓度底物 Xan 对黄嘌呤氧化酶体外活性模型的影响。参比液：2 mL 缓冲液＋1 mL 不同浓度的 Xan 溶液。每组实验重复 3 次。

③作用时间（t）的筛选：在 0.1mol/L 焦磷酸钠缓冲溶液（0.4 mL）中依次加入 1 mmol/L 的 Xan 水溶液（1 mL）和 30 mU/mL 的 XOD 水溶液（1.6 mL），反应温度（35±2）℃。允许反应体系作用反应时间分别为 0、5、10、20、30 min。研究不同作用时间（t）对黄嘌呤氧化酶体外活性模型的影响。参比液：2 mL 缓冲液＋1 mL 的 Xan 溶液（1 mmol/L）。每组实验重复 3 次。

（4）Box-Behnken 法优化黄嘌呤氧化酶体外活性模型建立设计。根据单因素实验结果，对选择黄嘌呤氧化酶体外活性模型中的尿酸生成量和超氧阴离子产生量均有显著影响。综合单因素实验结果，选取 XOD 用量（X_1）、Xan 用量（X_2）和作用时间（X_3）3 个因素，采用 Box-Behnken 实验设计方法，因素及水平如表 2-55 所示。利用 Design-Expert V8.0.6 进行数据分析，用 F 检验评价数学模型方程的显著性，方程的拟合性由决定系数 R^2 确定。

表 2-55　Box-Behnken 法优化 XOD 体外活性模型的因素及水平

水平	水平		
	−1	0	1
XOD 用量（X_1）/（mU/mL）	1	55.5	100
Xan 用量（X_2）/（mmol/L）	0.03	1.51	3
作用时间（X_3）/min	0	15	30

（5）数据与图像处理　数据采用 Excel2013 软件进行处理，应用 Origin8.5 软件进行绘图，利用 Design-Expert V8.0.6 软件对数据进行回归分析。

7.结果与讨论

（1）黄嘌呤氧化酶体外活性模型中 XOD 用量、Xan 用量及作用时间（t）对黄嘌呤氧化酶体外活性模型影响分别见图 2-41 至图 2-43。

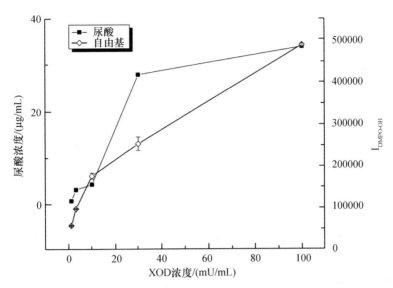

图 2-41 XOD 用量对黄嘌呤氧化酶体外活性模型影响

1 mmol/L 的 Xan 水溶液(1 mL);作用时间(t)为 20 min;反应温度(35±2) ℃。

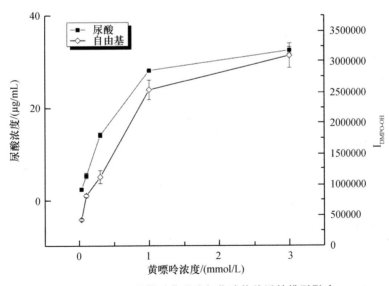

图 2-42 Xan 用量对黄嘌呤氧化酶体外活性模型影响

30 mU/mL 的 XOD 水溶液(1.6 mL);作用时间(t)为 20 min;反应温度(35±2) ℃

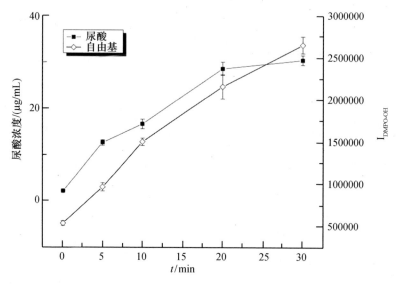

图 2-43 作用时间(t)对黄嘌呤氧化酶体外活性模型影响

1 mmol/L 的 Xan 水溶液(1 mL)和 30 mU/mL 的 XOD 水溶液(1.6 mL)；反应温度(35±2) ℃

由图 2-41 至图 2-43 分析可知,在考察单因素对黄嘌呤氧化酶体外活性模型影响方面,实验分别探讨了单因素——XOD 用量、Xan 用量及作用时间(t)对黄嘌呤氧化酶体外活性模型的影响。实验结果表明:在考察单因素变量——XOD 用量时,XOD 溶液浓度分别为 1、3、10、30 及 100 mU/mL,其对应的尿酸生成量分别为 $(0.74875±0.01555)$、$(3.13318±0.02979)$、$(4.28823±0.02872)$、$(28.06958±0.04149)$ 和 $(34.11657±0.10555)$ $\mu g/mL$。当单因素变量为 Xan 用量时,XOD 用量为 1.6 mL×30 mU/mL,作用时间(t)为 20 min,反应温度(35±2) ℃,其对应的尿酸生成量分别为 $(2.36616±0.20967)$、$(5.3079±0.58241)$、$(14.163±0.49124)$、$(28.06958±0.04149)$ 和 $(32.41044±0.70017)$ $\mu g/mL$。同时,在确定 XOD 用量和 Xan 用量时,考察单因素变量——作用时间(t)对黄嘌呤氧化酶活性的影响,作用时间(t)分别为 0、5、10、20、30,其对应的尿酸生成量分别为 $(2.09247±0.10835)$、$(12.6338±0.59867)$、$(16.65026±1.0429)$、$(28.66983±1.41298)$ 和 $(30.51021±1.0556)$ $\mu g/mL$。综上所述,单因素[XOD 用量、Xan 用量及作用时间(t)]变量在一定范围内,与尿酸生产量均呈现一定的正比关系。另外,由于氧自由基产生量作为黄嘌呤氧化酶体外活性模型另一评价指标,在以氧自由基产生量为评价指标时,单因素变量——XOD 用量、Xan 用量及作用时间(t)与反应模型中的氧自由基产生量(以信号特征峰的最大强度为指标),在一定范围内,也呈现出一定正比关系。因此，在以尿酸产生量和氧自由基产生量为双重评价指标的黄嘌呤氧化酶体外活性模型中，其单因素优化组可确定为：XOD 用量浓度 100 mU/mL、Xan 用量浓度 1 mmol/L、作用时间（t）为 20 min，产生的尿酸生成量和氧自由基产生量相对达到最大值。

（2）Box-Behnken 法优化黄嘌呤氧化酶体外活性模型建立

①模型建立和显著性检验。根据以上黄嘌呤氧化酶体外活性模型单因素实验结果，以 XOD 用量（X_1）、Xan 用量（X_2）和作用时间（X_3）3 个因素为自变量，以黄嘌呤氧化酶体外活性模型中尿酸生成量（Y_1）和氧自由基产生量（Y_2）为响应值，利用 Box-Behnken 实验设计，进行响应面分析，实验设计及结果如表 2-56 所示。

表 2-56　Box-Behnken 法优化黄嘌呤氧化酶体外活性模型建立

实验号	X_1(XOD 用量) /(mU/mL)	X_2(Xan 用量) /(mmol/L)	X_3(作用反应时间) /min	Y_1(尿酸生成量) /(μg/mL)	Y_2(氧自由基产生量/I)
1	100	0.03	15	3.09±0.11	496465.00±6037.57
2	1	3	15	0.39±0.01	614598.18±9946.33
3	100	1.51	30	43.19±0.73	5746712.31±212740.54
4	50.5	1.51	15	25.08±0.55	3139269.12±123041.36
5	50.5	1.51	15	25.08±0.55	3139269.12±123041.36
6	50.5	0.03	30	2.11±0.10	394523.22±6180.40
7	50.5	1.51	15	25.08±0.55	3139269.12±123041.36
8	100	3	15	34.56±0.55	6179514.56±104944.00
9	50.5	3	0	3.86±0.16	566541.97±21019.34
10	50.5	1.51	15	25.08±0.55	3139269.12±123041.36
11	1	1.51	30	0.84±0.09	603412.46±10409.16
12	100	1.51	0	6.49±0.40	595819.59±9583.13
13	50.5	1.51	15	25.08±0.55	3139269.12±123041.36
14	1	1.51	0	0.30±0.04	228747.67±3494.61
15	50.5	3	30	33.22±1.04	3093395.04±96304.90
16	50.5	0.03	0	1.53±0.06	96269.11±10990.00
17	1	0.03	15	2.16±0.10	126351.66±15218.75

利用 Design Expert V8.0.6 软件对数据进行二次多元回归拟合，得到黄嘌呤

氧化酶体外活性模型中尿酸生成量(Y_1)和超氧阴离子自由基产生量(Y_2)对编码自变量之间的二次多项回归方程为：

$$Y_1 = 1.41057 + 0.11505X_1 + 6.82106X_2 + 0.27197X_3 + 0.11305X_1X_2 + 0.012175X_1X_3 + 0.32301X_2X_3 - 0.00255178X_1^2 - 3.98032X_2^2 - 0.027211X_3^2$$

$$Y_2 = 164449 - 11082.52602X_1 + 921029X_2 + 94626.30518X_3 + 17667.59528X_1X_2 + 1608.15755X_1X_3 + 25012.33401X_2X_3 - 107.95758X_1^2 - 462771X_2^2 - 4804.76917X_3^2$$

方差分析检验多项式方程对实验数据拟合的显著性，如表 2-57 和表 2-58 所示。二次方程模型的 F 值为 87.01 和 22.69，表明该模型显著，可以有效拟合实验数据，该模型 F 值由于噪声因素影响发生的 P 值小于 0.01。从表 2-57 和表 2-58 可知，X_1、X_2、X_3、X_1X_2、X_1X_3、X_2X_3、X_1^2、X_2^2、X_3^2 均为显著项，除了表 7 中 X_1^2 为非显著项。另外，整个模型的拟合度 R^2 分别为 0.9911 和 0.9669，表明以上二次方程模型可以解释和预测 99.11% 和 96.69% 的变量响应，因此，该方法在本研究中可以很好地拟合实验数据。

表 2-57　基于尿酸值响应的 Box-Behnken 法优化黄嘌呤氧化酶体外活性模型方差分析

变异来源	平方和	均方根	F 值	P 值
模型	3466.89	385.21	87.01	<0.0001
XOD 用量(X_1)	874.46	874.46	197.53	<0.0001
Xan 用量(X_2)	498.33	498.33	112.57	<0.0001
作用时间(X_3)	564.14	564.14	127.43	<0.0001
X_1X_2	276.22	276.22	62.4	<0.0001
X_1X_3	326.89	326.89	73.84	<0.0001
X_2X_3	207.07	207.07	46.77	0.0002
X_1^2	164.61	164.61	37.18	0.0005
X_2^2	324.4	324.4	73.28	<0.0001
X_3^2	157.83	157.83	35.65	0.0006
残差	30.99	4.43		
失拟项	30.99	10.33		
纯误差	0	0		

注：$P < 0.05$，影响显著；$P < 0.01$，影响极显著；$R^2 = 0.9911$；$R_{adj}^2 = 0.9798$.

表 2-58　基于氧自由基响应的 Box-Behnken 法优化黄嘌呤氧化酶体外活性模型方差分析

变异来源	平方和	均方根	F 值	P 值
模型	$6.01e^{13}$	$6.68e^{12}$	22.69	0.0002
XOD 用量(X_1)	$1.64e^{13}$	$1.64e^{13}$	55.62	0.0001
Xan 用量(X_2)	$1.09e^{13}$	$1.09e^{13}$	37.04	0.0005
作用时间(X_3)	$8.72e^{12}$	$8.72e^{12}$	29.61	0.001
X_1X_2	$6.75e^{12}$	$6.75e^{12}$	22.92	0.002
X_1X_3	$5.70e^{12}$	$5.70e^{12}$	19.37	0.0032
X_2X_3	$1.24e^{12}$	$1.24e^{12}$	4.22	0.0791
X_1^2	$2.95e^{11}$	$2.95e^{11}$	1	0.3504
X_2^2	$4.39e^{12}$	$4.39e^{12}$	14.9	0.0062
X_3^2	$4.92e^{12}$	$4.92e^{12}$	16.72	0.0046
残差	$2.06e^{12}$	$2.94e^{11}$		
失拟项	$2.06e^{12}$	$6.87e^{11}$		
纯误差	0	0		

注：$P<0.05$,影响显著；$P<0.01$,影响极显著；$R^2=0.9669$；R^2adj$=0.9243$.

②验证性实验。对以上拟合出的二次多项式回归方程分别进行 X_1、X_2 和 X_3 的偏导数求解,求得各个因素的极点分别为 $X_1=100$,$X_2=3$ 和 $X_3=30$。即黄嘌呤氧化酶体外活性模型构建因素组成配比在 XOD 用量浓度为 100 mU/mL、Xan 用量浓度为 3.0 mmol/L 和作用时间(t)为 30 min 时,黄嘌呤氧化酶体外活性模型中尿酸生成量和氧自由基产生量的最高理论值分别为 55.22 μg/mL 和 $7.46513e^{6}$。

(3)酶活性验证实验　为进一步验证预测最佳模型的可靠性和稳定性,分别对单因素实验优化组、系统设计优化组和 Box-Behnken 响应面优化组合模型组进行对比验证。如图 2-44 和图 2-45 所示。

由表 2-59 可知,在以尿酸生成量和氧自由基产生量为双重评价指标的优化实验组中,响应面模型优化组(C 组)在最优组合因素下(XOD=100 mU/mL、Xan=3 mmol/L 及作用时间 $t=30$ min),可获得尿酸生成量(53.45±0.80)μg/mL 和氧自由基产生量/(I)(6768827.86±428767.43)。相比单因素实验优化组(A 组)和系统设计优化组(B 组),尿酸生成量和氧自由基产生量均高于其他优化组(A 组和 B 组)。由此可知,响应面模型组可显著地提高尿酸生成量和氧自由基产生量,

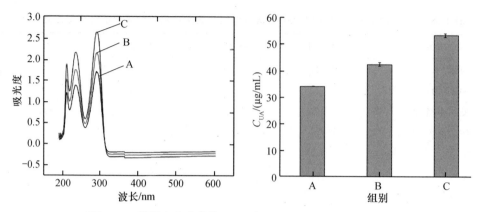

图 2-44　单因素实验优化组、系统设计优化组和 Box-Behnken 响应面优化组合模型组的尿酸生成量分析

注：A. 单因素实验优化组；B. 系统设计优化组；C. Box-Behnken 响应面优化组合.

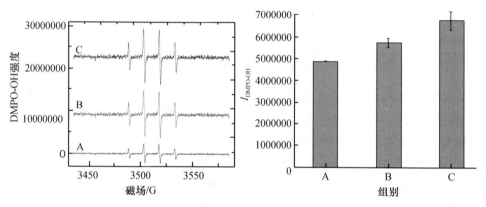

图 2-45　单因素实验优化组、系统设计优化组和 Box-Behnken 响应面优化组合模型组的氧自由基产生量分析

注：A. 单因素实验优化组；B. 系统设计优化组；C. Box-Behnken 响应面优化组合.

即黄嘌呤氧化酶活性最大。值得一提的是，黄嘌呤氧化酶在参与嘌呤代谢过程中，会产生超氧阴离子自由基。然而，在黄嘌呤氧化酶模型构建实验过程中，实验利用电子顺磁共振技术（EPR），在自由基捕捉剂 DMPO 的参与下，没有观察到超氧阴离子自由基的特征信号峰（强度近似 1/1/1/1），反而捕捉到了羟基自由基的特征信号峰（强度近似 1/2/2/1）。其原因可能为超氧阴离子自由基在水溶剂体系中，极易与水分子发生作用，生成羟基自由基（·OH）。

表 2-59 各优化实验组中尿酸生成量和自由基产生量分析

实验组	XOD 用量 /(mU/mL)	Xan 用量 /(mmol/L)	作用反应 时间/min	尿酸生量 /(μg/mL)	氧自由基产 生量
单因素实验优化组（A组）	100	1	20	34.12±0.11	4892776.43± 20848.23
系统设计优化组（B组）	100	1.51	30	43.19±0.73	5746712.31± 212740.54
响应面模型优化组（C组）	100	3	30	53.45±0.80	6768827.86± 428767.43

另外,在验证响应面模型优化组的稳定性方面,实验分别考察了模型组在 30 min、35 min 及 40 min 时的尿酸生成量和羟基自由基产生量。实验结果表明: 如图 2-46 所示,响应面模型组在作用时间 30 min、35 min 及 40 min 时,反应体系 中的尿酸生成量几乎没有影响,然而,羟基自由基的产生量(I)却表现出较大影响,呈现下降趋势,说明羟基自由基在水溶剂体系中可能极不稳定。

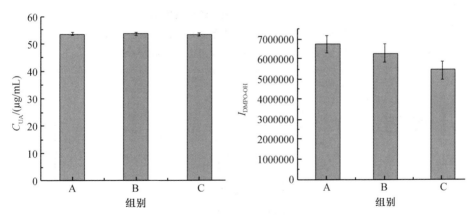

图 2-46 尿酸生成量和氧自由基产生量在 Box-Behnken
响应面优化组中不同作用时间的影响

Box-Behnken 响应面优化组;A. 30 min;B. 35 min;C. 40 min.

(4)黄嘌呤氧化酶活性抑制验证实验 为了进一步验证采用 Box-Behnken 响 应面法优化构建的黄嘌呤氧化酶体外活性双指标评价模型的稳定性、可靠性及合 理性,实验采用黄嘌呤氧化酶有效抑制剂——别嘌呤醇对该模型进行综合性评价。 首先,根据响应面优化的最优因素组合[XOD 用量 100 mU/mL、Xan 用量

30 mmol/L 和作用时间(t)30 min]，完成黄嘌呤氧化酶活性模型的构建。然后，配制别嘌呤醇水溶液浓度分别为 750、625、500、375、281.25、187.5 μmol/L。利用紫外-分光光度计对以上实验组进行全波长扫描，在波长为 290 nm 处计算尿酸生成量。另外，利用电子顺磁共振（EPR）对实验平行组进行氧自由基检测，如图 2-47 和图 2-48 所示。

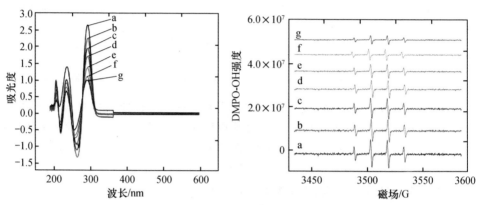

图 2-47　紫外-分光光度计对黄嘌呤氧化酶活性抑制扫描光谱（左图），
电子顺磁共振检测氧自由基测产生量（右图）

a 为响应面模型优化组（XOD=100 mU/mL、Xan=3 mmol/L 及作用时间 t=30 min）；b-g 分别代表别嘌呤醇浓度分别为 187.5 μmol/L、281.25 μmol/L、375 μmol/L、500 μmol/L、625 μmol/L、750 μmol/L。

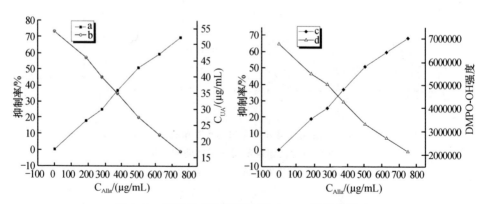

图 2-48　不同浓度的别嘌呤醇对 XOD 活性的影响

注：a 为以尿酸生成量为指标，计算的 XOD 抑制率；b 为反应体系中尿酸生成量；c 为以氧自由基产生量为指标，计算的 XOD 抑制率；d 为反应体系中氧自由基产生量

由图 2-48 可知,以尿酸生成量为考核指标,随着黄嘌呤氧化酶抑制剂别嘌呤醇浓度的增加,可明显观察到模型体系中尿酸生成量呈现下降趋势,且抑制率可达到 69.62%,其 IC50 值为 494.1 $\mu mol/L$。另外,以氧自由基产生量为考核指标,随着别嘌呤醇用量的递增,其黄嘌呤氧化酶活性抑制率最大可达到 68.35%,其 IC50 值也为 494.1 $\mu mol/L$。以上实验数据可进一步说明响应面模型组具有良好的双靶点模型的稳定性、可靠性及合理性。

8. 结论

本实验融合了多学科知识体系,如有机化学、仪器分析、生物化学等,是一个研究创新型综合性实验,也是前期教师科研成果内容的教学转化。整个实验过程主要包括尿酸工作曲线绘制、氧自由基检测、构建黄嘌呤氧化酶体外活性模型单因素实验设计、Box-Behnken 法优化黄嘌呤氧化酶体外活性模型建立设计。该综合性实验可有效地将多学科理论知识点进行有机融合,并用于实践,提高学生的科学核心素养、创新能力及解决分析问题的能力。本实验的开展可为地方院校新工科专业课程内容建设提供示范案例,也可为教师科研成果转化为实践教学提供重要的途径参考。黄嘌呤氧化酶体外活性评价是研发黄嘌呤氧化酶抑制剂的重要评价途径,建立以尿酸生成量和氧自由基产生量为双重评价指标的黄嘌呤氧化酶体外活性模型,可更加客观地评价具有潜在抑制 XOD 活性的药效成分。本研究利用紫外-分光光度计和电子顺磁共振法对影响黄嘌呤氧化酶活性的各因子进行双重指标评价(尿酸生成量和氧自由基产生量),并进一步采用 Box-Behnken 法对各因子及其交互作用进行研究,以期获得构建黄嘌呤氧化酶活性模型最优的组合。另外,通过临床靶标药物别嘌呤醇对模型进行验证性评价,实验结果表明该模型具有较好的稳定性、可靠性及合理性,可为后期研发黄嘌呤氧化酶抑制剂提供重要的参考依据。

9. 参考文献

[1] 孙明姝,母义明,赵家军,等. 中国临床指南现状分析及《中国高尿酸血症与痛风诊治指南(2018)》制定介绍[J]. 中华内分泌代谢杂志,2019,35(3):181-184.

[2] 商卓,王文. 高尿酸血症与高血压[J]. 中国心血管杂志,2016,21(2):14-16.

[3] 张晓敏,刘宏,刘必成. 高尿酸血症与慢性肾脏病发生发展关系的研究进展[J]. 东南大学学报(医学版),2013,32(1):114-117.

[4] Koppenol W H,Butler J. Mechanism of reactions involving singlet oxy-

gen and the superoxide anion[J]. FEBS. Lett,1977,83(1):1-5.

　　[5] Bharadwaj L A,Prasad K. Mechanism of superoxide anion-induced modulation of vascular tone[J]. Int. J. Angiol,2002,11(1):23-29.

　　[6] Zeng N,Zhang G W,Hu X,et al. Mechanism of fisetin suppressing superoxide anion and xanthine oxidase activity[J]. J. Funct. Foods,2019,58:1-10.

　　[7] 罗六保,谢志鹏. 紫外-分光光度计测定中药中黄嘌呤氧化酶抑制活性研究[J]. 化学世界,2009,50(5):17-22.

　　[8] Song H P,Zhang H,Fu Y,et al. Screening for selective inhibitors of xanthine oxidase from Flos Chrysanthemum using ultrafiltration LC-MS combined with enzyme channel blocking[J]. J. Chromatogr. B,2014,961：56-61.

　　[9] Li D Q,Zhao J,Li S P. High-performance liquid chromatography coupled with post-column dual-bioactivity assay for simultaneous screening of xanthine oxidase inhibitors and free radical scavengers from complex mixture［J］. J. Chromatogr. A,2014,1345:50-56.

　　[10] 郑学钦,胡春. 用化学发光法检测芦丁等物质清除超氧阴离子自由基的作用[J]. 中国药学杂志,1997,32(3):140-142.

　　[11] 刁毅,刘涛,韩洪波. 不同地区地木耳多糖红外光谱与抗氧化活性研究[J]. 湖北农业科学,2016,55(4):178-181.

　　[12] 张韫,高苏亚,唐一梅,等. 岩白菜素抗氧化活性的分子光谱法测定[J]. 化工科技,2019,27(3):28-32.

　　[13] Inoue S,Kawanishi S. ESR evidence for superoxide,hydroxyl radicals and singlet oxygen produced from hydrogen peroxide and nickel(II)complex of glycylglycyl-L-histidine[J]. Biochem. Bioph. Res. Co,1989,159(2):445-451.

　　[14] Saito Y,Yanagisawa K,Kimura Y,et al. Pseudo ow-injection ESR technique combining spin-trapping and application to the evaluation of superoxide scavenging capacity of phenolic compound[J]. Sci. Technol. Stud,2015,4(1):23-32.

　　[15] Kameya H ,Shoji T ,Otagiri Y ,et al. Evaluation of the reactive oxygen species scavenging abilities of tomato juice using ESR spin trapping method [J]. Journal for the Integrated Study of Dietary Habits,2017,27(4):267-272.

　　[16] 谢涛,秦至臻,周睿,等. 黄嘌呤氧化酶抑制剂/超氧阴离子清除剂双靶点高通量筛选模型的建立[J]. 药学学报,2015,50(4):447-452.

　　[17] Sanders S A,Eisenthal R,Harrison R. NADH oxidase activity of hu-

man xanthine oxidoreductase generation of superoxide anion[J]. Eur. J. Biochem，1997，245(3)：541 -548

[18] Harrad E，Amine A. Amperometric biosensor based on prussian blue and nafion modified screen-printed electrode for screening of potential xanthine oxidase inhibitors from medicinal plants[J]. Enzyme. Microb. Technol，2016，85：57-63.

10．硕士研究生实践教学组织、建议、思考与创新

(1)教学组织　本综合性实验可面向培养材料与化工工程硕士专业精细化工研究方向学生开设的实践课程，可分为 4 组，每组 2～3 人，共 24 学时，每次课 4 学时，分 6 次课完成。实验内容安排如下。

①尿酸工作曲线绘制及构建黄嘌呤氧化酶体外活性模型单因素实验设计(4学时)；

②黄嘌呤氧化酶(XOD)用量的筛选(4 学时)；

③黄嘌呤(Xan)用量的筛选(4 学时)；

④作用时间(t)的筛选(4 学时)；

⑤Box-Behnken 法优化黄嘌呤氧化酶体外活性模型建立设计(4 学时)；

⑥黄嘌呤氧化酶活性抑制验证实验(4 学时)。

(2)教学建议

①建议学生提前了解影响生物酶生物活性的关键因素；

②建议学生学习黄嘌呤氧化酶在嘌呤代谢过程中的催化过程；

③建议学生提前学习单因素实验方法和响应面优化原理和设计方法；

④建议学生查阅活性氧的种类、互变及生成途径，并提前了解相关检测设备的使用原理及操作；

⑤建议指导教师引导学生对体外黄嘌呤氧化酶生物活性评价模型构建因素的分析；

⑥建议指导教师引导学生对体外生物酶优化模型的验证。

(3)思考与创新

①从生物酶生物活性因素影响角度分析，黄嘌呤氧化酶生物活性是否与溶液中氧分子浓度有关？

②正交设计优化与响应面优化对同一个实验而言，存在什么差异性？

③体外生物酶活性评价模型与体内药效评价的关系如何？

④黄嘌呤氧化酶的生物活性靶点的确认实验设计？

⑤氧气因素对体内黄嘌呤氧化酶生物活性的影响是否存在？

11.本科生课程教学组织、建议、思考与创新

（1）教学组织 本实验可面向新工科专业（化学工程与工艺、制药工程及食品工程专业）的高年级（二年级以上）本科学生开设，共分为4组，每组4～5人，共20学时，分别进行以下实验内容。

①构建黄嘌呤氧化酶体外活性模型单因素实验设计——黄嘌呤氧化酶（XOD）用量的筛选（4学时）；

②构建黄嘌呤氧化酶体外活性模型单因素实验设计——黄嘌呤（Xan）用量的筛选（4学时）；

③构建黄嘌呤氧化酶体外活性模型单因素实验设计——作用时间（t）的筛选（4学时）；

④Box-Behnken法优化黄嘌呤氧化酶体外活性模型建立设计（8学时，可分2次课完成）。

（2）教学建议

①建议学生分组独立完成，各组成员可分工合作；

②建议学生了解实验设计方法种类，及它们的适用范围和优缺点；

③建议学生提前学习UV-Vis和EPR工作原理和操作流程；

④建议指导教师引导学生采用单因素实验设计完成体外黄嘌呤氧化酶生物活性评价模型的构建；

⑤建议指导教师引导学生采用响应面优化实验设计完成体外黄嘌呤氧化酶生物活性评价模型的构建，并进行合理验证。

（3）思考与创新

①体外生物酶活性评价模型在生物医药研发方面的优缺点；

②单因素实验、正交设计实验及响应面设计优化等方法的优势与不足；

③体外实验的靶药动力学实验设计。

12.中学生课外活动教学组织、建议、思考与创新

（1）教学组织 本实验可面向中学化学（初级和高级中学）学生开设科技创新课外活动课程，指导学生课后如何开展青少年科学创新活动。实验可包括以下内容。

①单因素实验筛选黄嘌呤氧化酶（XOD）用量、作用时间（t）和黄嘌呤（Xan）用量；

②Box-Behnken法优化黄嘌呤氧化酶体外活性模型建立设计；

③实验结果分析与讨论。

（2）教学建议

①建议在实验活动前,指导教师引导学生了解实验设计方法的重要性和必要性;

②建议在实验设计过程中,指导教师首先介绍各种实验设计方法的目的和原理,如单因素实验设计、正交设计及响应面设计等;

③建议学生在做实验前,根据指导教师讲解的实验设计原理,试着尝试不同因素的实验设计,并给出可能性方案;

④在结果与讨论部分,指导教师鼓励学生自主分析实验结果与过程,同时,可进行引导分析方向,最后由学生给出实验结果与讨论内容。

（3）思考与创新

①学生可选用不同实验设计方法进行不同因素实验设计,并给出方案;

②组织讨论单因素、正交及响应面实验设计方法的优缺点,并进行分析或改进;

③尝试开发具有更加有效、方便的实验设计方法。

第3章 生物功能评价实验

3.1 体外抗氧化功能评价

3.1.1 概述

我们日常生活中的氧化现象非常普遍。"氧化"从狭义上讲,即氧元素与其他物质发生的化学反应;从广义上讲,是指物质失电子的过程。而在生物体内的氧化过程即参与细胞代谢维持机体需要,同时也会对机体造成危害,例如过度地氧化会引起细胞的提前衰老,甚至引发心脏病、癌症等疾病。归结原因为机体的正常代谢会产生含氧自由基,而体内积累过多的含氧自由基将破坏细胞结构而引发疾病。因此,研究抗氧化作用,寻找高效低毒的抗氧化剂具有重要意义。同时,抗氧化作用在医疗、保健、食品保鲜等领域内有重要地位及应用。

抗氧化作用可定义为抗氧化活性物质通过抑制自由基的产生,清除、熄灭自由基来抑制自由基参与的过氧化反应过程。虽然机体代谢过程会不断地产生少量自由基,但机体本身存在防御系统,故正常情况下少量自由基不会对机体细胞产生威胁,而引起机体氧化损伤的自由基主要是突破机体防御的活性氧自由基(ROS)。过多的 ROS 会攻击体内的脂质、蛋白质、核酸、酶等生物大分子,干扰正常的代谢过程进而发生病变。而抗氧化活性物质主要通过抑制 ROS 的产生发挥其作用,抑制 H_2O_2 的生成,减少 DNA 的氧化损伤,抑制脂质过氧化。其主要的作用机理为:通过提供作为供氢体的活性基团与自由基反应,进而熄灭自由基,终止自由基的链式反应。研究抗氧化作用须围绕其作用机理展开深入探究与实验测试。

常用的体外抗氧化测定方法有:DPPH 自由基清除能力法、ABTS 自由基清除能力法、羟自由基清除能力法、还原能力测定法、总氧自由基清除能力法、超氧自由基清除能力法和脂质过氧化法等。目前并无统一标准方法,并且这些方法的反应原理和反应环境各不相同,需根据抗氧化剂性质与反应机理做具体选择。

抗氧化剂一般指氧化底物(糖类、蛋白质、脂质或DNA)在更低的浓度下,能有效地阻止或延缓底物发生自动氧化反应的一类物质。其中包括抗氧化酶类和非酶抗氧化剂,被开发利用的主要是后者。已报道的抗氧化剂既有化学合成来源,也有天然植物来源的提取物。其中天然植物抗氧化剂主要来源于药用和食用植物资源,在自然界分布非常广泛。随着人们健康安全意识的提高,植物来源的抗氧化剂因其天然、高效、低毒的特点倍受关注。研究显示,黄酮、多糖、多酚、皂苷、生物碱、维生素等天然产物均能有效清除自由基以保护机体健康。因此,天然抗氧化剂常用于食品添加剂和含油食品及油脂的加工。从目前的研究来看,天然抗氧化剂由于其独特的优势已在世界范围内得到开发和应用。从天然植物中寻找低毒、高效清除过量含氧自由基的抗氧化剂,在预防及治疗自由基氧化引起的相关疾病或应用于食品保鲜仍有重要研究意义。

参考文献

[1] 孟庆华,于晓霞,张海凤,等. 天然黄酮类化合物清除自由基机理及其应用进展[J]. 云南民族大学学报(自然科学版),2012,21(2):79-83.

[2] 乔凤云,陈欣,余柳青. 抗氧化因子与天然抗氧化剂研究综述[J]. 科技通报,2006,22(3):332-336.

[3] 王晓宇,杜国荣,李华. 抗氧化能力的体外测定方法研究进展[J]. 食品与生物技术学报,2012,31(3):247-252.

[4] 曾维才,石碧. 天然产物抗氧化活性的常见评价方法[J]. 化工进展,2013,32(6):1205-1213,1247.

[5] 王忠雷,杨丽燕,张小华,等. 天然产物抗氧化活性成分研究进展[J]. 药物评价研究,2012,35(5):386-390.

3.1.2　聚焦"药食同源"植物视角下的邻苯三酚自氧化法对茶叶中茶多酚的抗氧化性能应用研究创新综合实验设计

1.科研成果简介

(1)论文名称:邻苯三酚自氧化法对茶叶中茶多酚的抗氧化性能应用研究

(2)作者:陈仕学,姚元勇,卢忠英,等

(3)发表期刊及时间:食品研究与开发,2020年,中文核心期刊

（4）发表单位：铜仁学院

（5）基金资助：贵州省教育厅创新群体重大研究项目［黔教合 KY 字（2018）033］；贵州省高层次创新型人才培养项目［2017-（2015）-015］；贵州省科技厅计划项目［黔教合（2020）1V147 号］

（6）研究图文摘要：

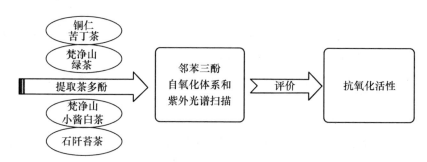

目的：为研究本地不同类型茶叶中茶多酚的抗氧化能力。方法：以梵净山绿茶、梵净山小酱白茶、铜仁苦丁茶、石阡苔茶（红茶）为原料，在邻苯三酚浓度 0.4 mg/mL，磷酸盐缓冲液（phosphate buffered solution，PBS）（pH＝8.0），邻苯三酚溶液与 PBS（pH＝8.0）体积比 1∶50，反应时间 25 min 的条件下进行紫外光谱扫描，通过邻苯三酚自氧化体系评价其抗氧化活性。结果：茶多酚清除超氧自由基能力（IC_{50}）分别为 0.08、0.098、0.119、0.136 mg/mL。由此得知，不同类型茶叶其茶多酚抗氧化能力不同，绿茶最高，其次是小酱白茶、再次是苦丁茶和石阡苔茶，且抗氧化能力与茶多酚浓度呈良好的线性关系，这为后期的应用研究提供了一定的理论依据。

2.教学案例概述

茶作为当今世界上最为普及的功能性饮料，具有各种保健功效，从而引起人们的广泛关注。茶叶含有多种人体必需的有效成分，主要为咖啡因、茶多酚（tea polyphenol，TP）、氨基酸等，其中茶多酚占茶叶干重的 15%～30%。茶多酚是茶叶中最重要的保健成分之一，具有抗氧化、降血脂、降血糖、清除人体自由基等功能，并且其对人的身体无毒副作用，因此在化工、食品、医药、护肤品等行业具有广阔的应用前景和开发价值。目前，关于铜仁市不同类型茶叶中茶多酚的抗氧化能力研究还未见报道。因此，本文以梵净山绿茶、梵净山小酱白茶、铜仁苦丁茶、石阡苔茶（红茶）为原料，采用邻苯三酚自氧化体系来评价不同类型茶叶的抗氧化能力，以期对开展茶叶的综合利用提供一定的参考依据。

聚焦"药食同源"植物的研究成果，以铜仁市梵净山绿茶、梵净山小酱白茶、铜仁苦丁茶、石阡苔茶(红茶)为原料,开设了以学生为主导的"聚焦'药食同源'植物视角下的邻苯三酚自氧化法对茶叶中茶多酚的抗氧化性能应用研究"综合化学实验项目课程,可有效地弥补基础实验教学内容的单一化和学科知识交叉不足。本综合性实验课程内容可促使学生掌握仪器分析中的紫外-分光光度计使用方法、茶多酚抗氧化评价方法以及数据分析处理方法等;同时,也有助于学生将已学的相关理论课程(如分析化学、仪器分析、有机化学及生物化学等)紧密联系起来,提高学生理论应用能力,激发他们对科研工作的兴趣。更重要的是,实验设计内容丰富,融合了多学科知识,可较好地培养工科学生的工程观念、工程思维、解决复杂工程问题能力和科学探究意识,符合新工科背景下工程教育课程教学改革的新要求。本实验的主要内容包括:①不同茶叶茶多酚的提取及纯化;②邻苯三酚自氧化反应条件的确定;③不同类型茶叶茶多酚抗氧化能力评价。

3.实验目的

(1)了解茶叶中的活性成分;

(2)掌握不同茶叶中茶多酚提取;

(3)了解不同类型茶叶中茶多酚的抗氧化能力。

4.实验原理与技术路线

(1)实验原理　利用茶多酚对邻苯三酚自氧化产生超氧自由基的清除作用,评价不同茶叶中茶多酚的抗氧化能力。

(2)技术路线　学生可参照该流程,循序渐进分步骤进行实验。

技术路线见图 3-1。

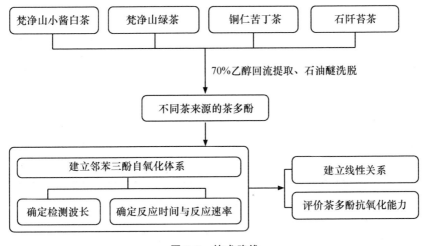

图 3-1　技术路线

5. 材料、试剂与仪器

(1) 实验材料　实验材料见表 3-1。

表 3-1　实验材料

材料名称	生产厂家
梵净山绿茶	贵州印江宏源农业综合开发有限公司
梵净山小酱白茶	贵州芳瑞堂生物科技有限公司
铜仁苦丁茶	—
石阡苔茶（红茶）	贵州芳瑞堂生物科技有限公司

(2) 实验试剂　实验试剂见表 3-2。

表 3-2　实验试剂

试剂名称	生产厂家
邻苯三酚	上海阿拉丁生化科技股份有限公司
磷酸盐缓冲液	武汉博士德生物工程有限公司
盐酸	成都金山化学试剂有限公司
氢氧化钠	天津市恒兴化学试剂制造有限公司

(3) 实验仪器　实验仪器见表 3-3。

表 3-3　实验仪器

名称	规格型号	生产厂家
HHS 数显式电热恒温水浴锅	—	上海博迅医疗生物仪器股份有限公司
移液枪	100～1000 μL	上海汉林实验仪器有限公司
MP 电子分析天平	CP224C	上海舜宇恒平科学仪器有限公司
C-30 玻璃仪器气流烘干器	V/Hz	郑州长城科工贸有限公司
759S 紫外-分光光度计	—	上海棱光技术有限公司

6. 实验步骤

(1) 不同茶叶茶多酚的提取及纯化　称取 50 g 梵净山绿茶粉末，用 70% 的乙醇溶液（料液比＝1：20）浸泡 3 h，70℃ 水浴回流浸提 60 min，对得到的浸提液抽

滤，重复实验 2 次，合并滤液，50℃旋转蒸发仪旋干处理。向上述旋干液加入
20 mL 石油醚洗脱，静置 5 min；倒出上清液，加 10 mL 乙醇溶解，边加热边搅拌，
旋干，继续加石油醚洗脱；将上清液倒出，再加乙醇加热溶解，之后旋干。如此重复
洗涤，大约洗涤 25 次，干燥得淡黄色粉末，备用。

同样方法提取得到梵净山小酱白茶、铜仁苦丁茶、石阡苔茶（红茶）中茶多酚
样品。

（2）邻苯三酚自氧化反应条件确定

①检测波长的确定。精密量取 5 mL PBS 和 0.1 mL(0.4 mg/mL)邻苯三酚
溶液于 10 mL 容量瓶中，用蒸馏水定容至 10 mL。反应 5 min 后，以 PBS 作空白
对照，进行紫外光谱扫描，确定吸收峰波长。

②反应时间与反应速率的确定。在检测波长确定下，每隔 5 min 进行 1 次紫
外光谱扫描，共扫描 50 min，然后以吸光值 A 对反应时间作线性关系图。挑选出
线性关系最好的一段，其所经历的时间即为反应时间(t)，其方程的斜率为邻苯三
酚自氧化速率(V_0)，从而确定邻苯三酚自氧化反应时间与反应速率的关系。

（3）茶多酚抗氧化研究

①不同类型、不同质量浓度茶叶中茶多酚对超氧自由基的清除作用。精密量
取 0.1 mL(0.4 mg/mL)邻苯三酚溶液和 5 mL pH＝8.0 PBS、分别加入不同浓
度(0.04、0.06、0.08、0.12、0.14 mg/mL)的梵净山绿茶溶液 1 mL，置于 10 mL 容
量瓶中，用蒸馏水定容至 10 mL，反应 5 min 后，以 pH＝8.0 PBS 液作空白对照，
在 320 nm 波长处，每隔 5 min 测定 1 次吸光值，共反应 25 min；同法分别加入不
同浓度(0.06、0.08、0.1、0.14、0.16 mg/mL)梵净山小酱白茶茶多酚溶液、不同浓
度(0.1、0.12、0.14、0.16、0.18 mg/mL)石阡苔茶（红茶）茶多酚溶液、不同浓度
(0.08、0.1、0.12、0.14、0.16 mg/mL)铜仁苦丁茶茶多酚溶液，比较不同类型、不
同浓度茶多酚的超氧自由基清除作用，以吸光值 A 对反应时间 t 作线性关系图，
斜率记作 V_1，代入(式 1)，计算出不同质量浓度下的茶多酚对超氧自由基的清除
率，清除率计算公式为：

$$Y=(1-V_1/V_0)\times100（式1）$$

式中：Y 为清除率；V_1 为邻苯三酚自氧化后加入样品检测吸收值；V_0 为邻苯三酚
自氧化后检测吸收值。

②不同类型茶叶中茶多酚对自由基的清除率与质量浓度线性关系。根据上述
计算，以不同类型茶叶中茶多酚的质量浓度作为横坐标，超氧自由基清除率作为纵
坐标，绘制图形，得出二者的线性关系方程，根据方程可算出当清除率为 50% 时的

茶多酚质量浓度（IC_{50}）值，且 IC_{50} 值是衡量抗氧化物清除超氧自由基能力的一个重要指标，其值越小，说明清除自由基能力越强。通过比较不同类型茶叶中茶多酚 IC_{50} 大小，评价不同类型茶叶的抗氧化能力。

7. 结果与分析

（1）邻苯三酚自氧化反应测定波长　图 3-2 为邻苯三酚自氧化 200～600 nm 吸收波长扫描图。

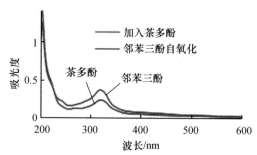

图 3-2　邻苯三酚自氧化 200～600 nm 吸收波长扫描图

邻苯三酚法反应原理为：邻苯三酚在碱性条件下会发生自氧化，产生超氧自由基，加入抗氧化剂后超氧自由基与其反应，且超氧自由基的量减少，吸收峰降低。由图 3-2 可知，在 320 nm 处出现最大吸收峰，所以，选择 320 nm 作为邻苯三酚自氧化的检测波长。

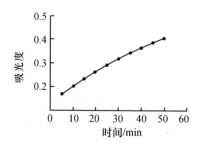

图 3-3　邻苯三酚自氧化随时间变化曲线图

（2）邻苯三酚自氧化反应时间确定　图 3-3 为邻苯三酚自氧化随时间变化曲线图、图 3-4 为邻苯三酚体系自氧化反应时间图。

从图 3-4 可以看出：随着时间推进，反应体系在 320 nm 下，提取时间 35 min 内，随反应时间增加，吸光值逐渐增加，从 35 min 开始，随着时间的增加吸光值逐渐减小，达到 50 min 时，吸光度值趋于平衡，整个反应过程在 35 min 后的吸光值 A 和反应时间 t 的线性关系比较差。而在 25 min 前的反应时间内，数据点均匀分布在趋势线两侧且呈良好的线性关系。所以，邻苯三酚自氧化反应时间确定为 25 min。

（3）邻苯三酚自氧化反应体系速率确定　图 3-5 为邻苯三酚自氧化反应体系速率图。

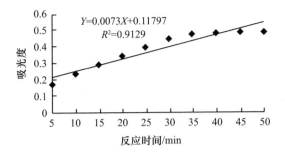

$Y=0.0073X+0.11797$
$R^2=0.9129$

图 3-4　为邻苯三酚体系自氧化反应时间图

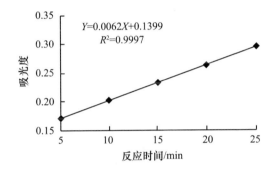

$Y=0.0062X+0.1399$
$R^2=0.9997$

图 3-5　邻苯三酚自氧化反应体系速率

由图 3-5 可知,在 25 min 内,吸光值 A 对反应时间 t 的线性关系良好,其方程斜率为邻苯三酚自氧化速率 V_0(0.0062),相关系数可以达到 0.9997,而且每一段时间间隔内,有色中间产物(半醌)都以稳定的增量增加,且反应速率稳定。所以,确定该反应速率 V_0 为 0.0062。

(4)不同类型茶叶中茶多酚对超氧自由基的清除

①绿茶茶多酚对超氧自由基的清除作用。不同质量浓度的绿茶茶多酚中反应体系吸光值与时间线性关系见图 3-6。

将图 3-6 中的线性方程斜率代入(式1),可计算出不同质量浓度的梵净山绿茶茶多酚对超氧自由基的清除率,分别为:$Y_{0.04}=29.03\%$、$Y_{0.06}=41.94\%$、$Y_{0.08}=50\%$ 和 $Y_{0.12}=70.96\%$、$Y_{0.14}=92.00\%$。由此可知,随着绿茶茶多酚质量浓度的增加,所含茶多酚含量也增加,对超氧自由基的清除能力也越来越强。

②绿茶茶多酚对超氧自由基的清除率与质量浓度呈线性关系。超氧自由基清除率与绿茶茶多酚质量浓度线性关系见图 3-7。

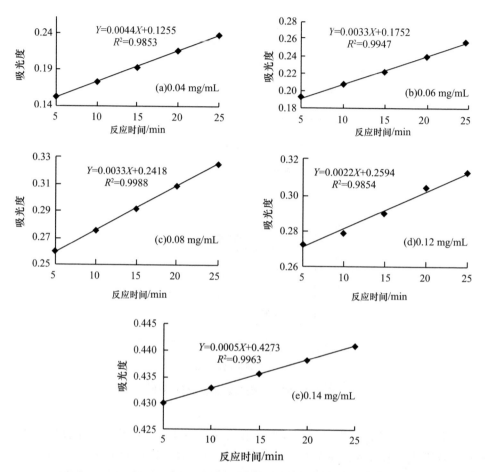

图 3-6　不同质量浓度的绿茶茶多酚中反应体系吸光值与时间线性关系

由图 3-7 可知,相关系数 $R^2 = 0.9798$,数据点分布在趋势线两侧,线性关系良好。根据该图线性拟合所得的线性关系式:$Y = 5.9403X + 0.0451$,当清除率为 50% 时(将 $Y = 50\%$ 代入线性方程)计算绿茶茶多酚质量浓度(X 值),可得 IC_{50} 值为 0.080 mg/mL。由图 3-7 还可知,绿茶茶多酚质量浓度与超氧自由基清除率呈正相关,随着绿茶茶多酚质量浓度的增加,对超氧自由基的清除能力也越来越强。

③白茶茶多酚对超氧自由基的清除作用。不同质量浓度的白茶茶多酚中反应体系吸光值与时间线性关系见图 3-8。

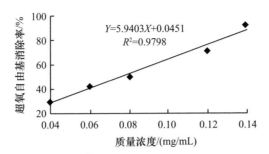

图 3-7　超氧自由基清除率与绿茶茶多酚质量浓度线性关系

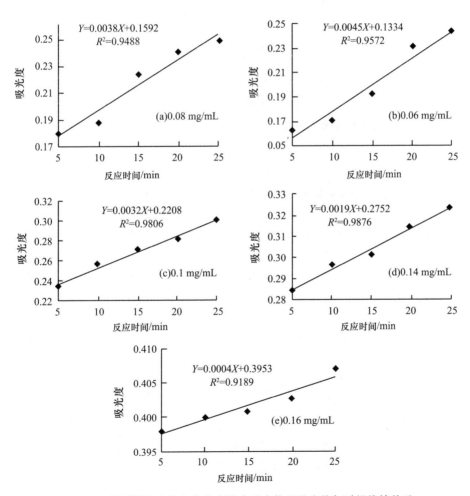

图 3-8　不同质量浓度的白茶茶多酚中反应体系吸光值与时间线性关系

图 3-8 中的线性方程斜率代入(式 1)，计算不同质量浓度的梵净山小酱白茶茶多酚对超氧自由基的清除率分别为：$Y_{0.06} = 27.42\%$、$Y_{0.08} = 38.71\%$、$Y_{0.1} = 51.61\%$、$Y_{0.14} = 69.35\%$ 和 $Y_{0.16} = 93.55\%$。由此可知，随着白茶茶多酚浓度的增加，其所含的茶多酚含量也增加，对超氧自由基的清除能力也越来越强。

④白茶茶多酚对超氧自由基的清除率与质量浓度呈线性关系。超氧自由基清除率与白茶茶多酚质量浓度线性关系见图 3-9。

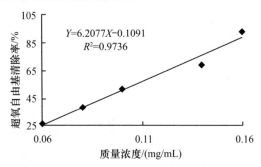

图 3-9　超氧自由基清除率与白茶茶多酚质量浓度线性关系

由图 3-9 可知，线性方程为 $Y = 6.2077X - 0.1091$，相关系数 $R^2 = 0.9736$，数据点分布在趋势线两边，线性关系良好。根据该图线性拟合所得曲线的线性关系式 $Y = 6.2077X - 0.1091$，当清除率为 50% 时(将 $Y = 50\%$ 代入线性方程)，得梵净山小酱白茶茶多酚的 IC_{50} 为 0.098 mg/mL。其值大于梵净山绿茶中茶多酚的 IC_{50}(0.080 mg/mL)，从而得出绿茶的抗氧化能力大于白茶。然而，茶叶中具有抗氧化能力的物质主要是茶多酚，其茶多酚含量的多少可直接影响茶叶抗氧化能力的强弱，由制作工艺可知，绿茶属于未发酵茶，白茶经过轻微的发酵处理，其茶多酚含量会有一定程度的损失，从而导致抗氧能力小于绿茶。

⑤红茶茶多酚对超氧自由基的清除作用。不同质量浓度的红茶茶多酚中反应体系吸光值与时间线性关系见图 3-10。

将图 3-10 中的线性方程斜率代入(式 1)，计算不同质量浓度的石阡苔茶(红茶)茶多酚对超氧自由基的清除率为分别为：$Y_{0.1} = 20.97\%$、$Y_{0.12} = 33.87\%$、$Y_{0.14} = 46.76\%$ 和 $Y_{0.16} = 74.19\%$ 和 $Y_{0.18} = 90.32\%$。由此可知，随着红茶茶多酚浓度的增加，其所含的茶多酚含量也增加，对超氧自由基的清除能力也越来越强。

⑥红茶茶多酚对超氧自由基的清除率与质量浓度呈线性关系。超氧自由基清除率与红茶茶多酚质量浓度线性关系见图 3-11。

由图 3-11 可知，线性方程为 $Y = 8.951X - 0.7209$，相关系数 $R^2 = 0.9794$，数

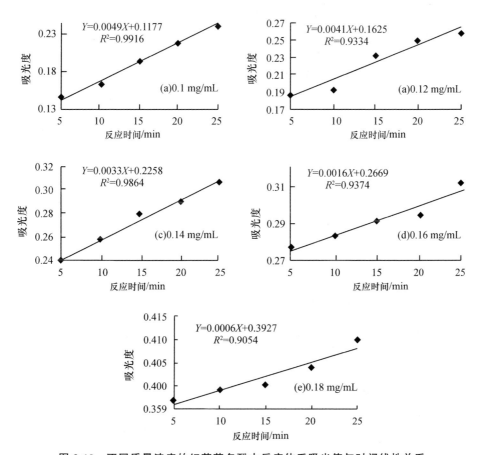

图 3-10 不同质量浓度的红茶茶多酚中反应体系吸光值与时间线性关系

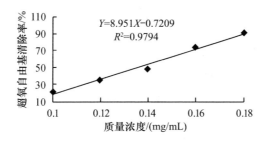

图 3-11 超氧自由基清除率与红茶茶多酚质量浓度线性关系

据点分布在趋势线两边，线性关系良好。根据该图线性拟合所得曲线的线性关系式 $Y=8.951X-0.7209$，当清除率为 50% 时（将 $Y=50\%$ 代入线性方程），得石阡苔茶（红茶）茶多酚的 IC_{50} 为 0.136 mg/mL。其值大于梵净山绿茶中茶多酚的 IC_{50}（0.080 mg/mL），从而得出绿茶的抗氧化能力远大于红茶。这是因为茶叶中抗氧化能力主要成分是茶多酚，其茶多酚含量多少可直接影响茶叶抗氧化能力的强弱。由制作工艺可知，红茶属于全发酵茶，在制作过程中经过深度发酵处理，其茶叶中茶多酚含量损失比较大，从而导致红茶抗氧能力远小于绿茶。

⑦苦丁茶茶多酚对超氧自由基的清除作用。不同质量浓度的苦丁茶茶多酚中反应体系吸光值与反应时间线性关系见图 3-12。

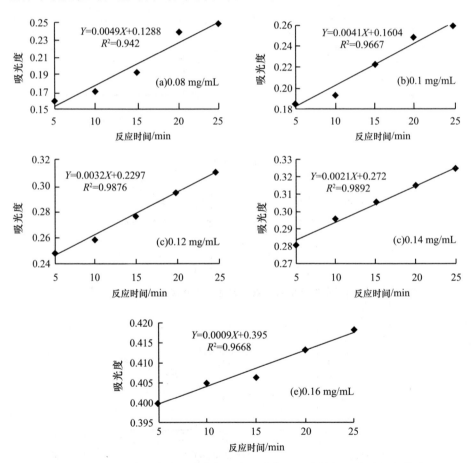

图 3-12　不同质量浓度的苦丁茶茶多酚中反应体系吸光值与反应时间线性关系

将图 3-12 中的线性方程斜率代入(式 1),计算不同质量浓度的铜仁苦丁茶茶多酚对超氧自由基的清除率分别为:$Y_{0.08} = 20.97\%$、$Y_{0.1} = 33.87\%$、$Y_{0.12} = 48.39\%$、$Y_{0.14} = 66.13\%$ 和 $Y_{0.16} = 85.48\%$。由此可知,随着苦丁茶茶多酚浓度的增加,其所含的茶多酚含量也增加,对超氧自由基的清除能力也越来越强。

(5)苦丁茶茶多酚对超氧自由基的清除率与质量浓度呈线性关系。超氧自由基清除率与苦丁茶茶多酚质量浓度线性关系见图 3-13。

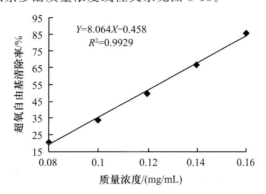

$$Y = 8.064X - 0.458$$
$$R^2 = 0.9929$$

图 3-13 超氧自由基清除率与苦丁茶茶多酚质量浓度线性关系

由图 3-13 可知,线性方程为 $Y = 8.064X - 0.458$,相关系数 $R^2 = 0.9929$,数据点分布在趋势线两边,线性关系良好,根据该图线性拟合所得曲线的线性关系式 $Y = 8.064X - 0.458$,当清除率为 50%时(将 $Y = 50\%$ 代入线性方程),得出铜仁苦丁茶茶多酚的 IC_{50} 为 0.119 mg/mL,该值大于梵净山绿茶中茶多酚的 $IC_{50}(0.080 \text{ mg/mL})$,从而得出绿茶的抗氧化能力大于苦丁茶。这是因为茶叶中抗氧化能力主要成分是茶多酚,苦丁茶的制作工艺与绿茶相似,都不经过发酵处理,属于未发酵茶,但是由于苦丁茶中含有大量的多糖、黄酮、皂苷、熊果酸、咖啡因等成分,提取过程产生的杂质比较多,对其中的茶多酚含量有一定程度影响。因此,苦丁茶的抗氧化能力小于绿茶。

8. 结语

本实验融合了多学科知识体系,如有机化学、分析化学及仪器分析,是一个能有效地将学生所学知识进行融合应用的创新型综合化学实验。整个实验过程主要包括从茶叶中提取及纯化茶多酚、邻苯三酚自氧化反应条件的确定、不同类型茶叶茶多酚抗氧化能力评价分析等。学生通过本综合实验探究,可以将书本理论知识用以实践,以提高科学核心素养、创新能力及解决分析问题的能力。因此,可在地方院校新工科化工专业、食品工程专业或制药工程专业高年级本科生中开设此实验。此类探究性实验的开展，可以引导学生了解学科的前沿知识，提高学生的实验技能和科学素养。本实验的开展可为地方院校新工科专业课程内容建设提供示范案例，也可为教师科研成果转化为实践教学提供重要的途径参考。

9. 参考文献

[1] 林智. 国内外茶叶新产品研发进展[J]. 中国茶叶, 2011, 33(4): 12-15.

[2] 马慧, 茹鑫, 王津, 等. 4 种茶叶水提物及茶多酚的体外抗氧化性能研究[J]. 食品研究与开发, 2019, 40(8): 65-70.

[3] Jilani H, Cilla A, Barberá R, et al. Biosorption of green and black tea polyphenols into Saccharomyces cerevisiae improves their bioacces sibility[J]. Journal of Functional Foods, 2015, (17): 11-21.

[4] 宛晓春. 茶叶生物化学[M]. 北京: 中国农业出版社, 2003.

[5] 袁勇, 尹钟, 谭月萍, 等. 茶多糖的提取分离及生物活性研究进展[J]. 茶叶通讯, 2018, 45(3): 8-12.

[6] 周宇波. 茶多糖的水热提取、结构表征及抗癌活性研究[D]. 杨凌: 西北农林科技大学, 2018.

[7] 冯小婕. 绿茶、红茶、黑茶多糖的提取纯化及其药理活性的研究[D]. 湘潭: 湘潭大学, 2016.

[8] 杜颖颖, 叶美君, 刘相真. 茶叶中氨基酸分析方法研究进展[J]. 中国茶叶加工, 2018(3): 15-21.

[9] 程德竹, 杜爱玲, 李成帅, 等. 生姜提取物对邻苯三酚自氧化生成超氧自由基的清除[J]. 中国调味品, 2014, 39(11): 35-39.

[10] 韩少华, 朱靖博, 王妍妍. 邻苯三酚自氧化法测定抗氧化活性的方法研究[J]. 中国酿造, 2009(6): 155-157.

[11] 王兆丰. 茶多酚纯化及酯型儿茶素单体分离研究[D]. 兰州: 西北师范大学, 2013.

[12] 陈红艳, 李雨浩, 岑浩彬. 黑茶茶多酚类物质的提取及其抗氧化性能研究[J]. 中国农业大学学报, 2017, 22(9): 101-107.

[13] 陈江磊. 苦丁茶多酚制备工艺优化及活性研究[D]. 广州: 华南农业大学, 2016.

[14] 周端, 刘淑敏, 黄惠华. 发酵程度不同的茶浸提液抗氧化能力比较及茶多酚细胞抗氧化活性研究[J]. 食品科技, 2014, 39(9): 216-222.

10. 硕士研究生实践教学组织、建议、思考与创新

(1)教学组织　本实验可面向材料与化工工程硕士专业生物化工研究方向的学生开设,共分为 4 组,每组 1～2 人,共 18 学时,分 4 次课完成。实验内容安排如下。

①不同茶叶茶多酚的提取(4 学时);

②邻苯三酚自氧化反应条件确定(6 学时);

③不同茶叶茶多酚的抗氧化性研究(4 学时);

④茶多酚对 XOD 活性探索(4 学时)。

(2)教学建议

①建议学生提前查阅茶叶中的主要化学成分茶多酚的理化性质、结构特点和功能;

②建议学生提前了解茶叶茶多酚的提取、分离及鉴定方法;

③建议学生讨论影响生物酶的因素,并结合酶催化反应分析可能存在的结合位点。

(3)思考与创新

①茶叶茶多酚在体外 XOD 生物活性上的差异性可能是什么因素导致的?

②茶叶茶多酚与酶相结合后,如何确定它们的结合方式和结合位点?

③茶叶茶多酚与其他类似物是否具有相同的生物活性?

④茶叶茶多酚与 XOD 结合是怎么实现酶活性抑制的?

11. 本科生课程教学组织、建议、思考与创新

(1)教学组织　本实验可面向新工科专业(化工、制药、食品工程专业)的高年级(二年级以上)本科学生开设,共分为 4 组,每组 4～5 人,共 12 学时,分别进行以下实验内容。

①采用不同方法对不同茶叶的茶多酚进行提取(2 学时);

②邻苯三酚自氧化反应条件确定(6 学时);

③不同茶叶茶多酚的抗氧化性研究(4 学时)。

(2)教学建议

①建议学生分组协助完成;

②建议采用水、醇提取对比;

③建议教师在课前准备实物或图片供学生学习,增加感性认识;

④建议教师查阅相关文献,让学生知道茶叶中的有效成分,讲解各有效成分的

作用以及对人体的作用,注意突出茶多酚的作用;

⑤建议教师向学生介绍提取茶多酚的方法,讨论如何有效提高提取率。

(3)思考与创新

①在提取茶叶茶多酚时如何测定其含量或提取率?

②不同茶叶茶多酚含量比较。

12. 中学生课外活动教学组织、建议、思考与创新

(1)教学组织　本实验可面向中学化学(初级和高级中学)学生开设科技创新课外活动课程,指导学生课后如何开展青少年科学创新活动。共分为 4 组,每组 3～4 人,共 10 学时,实验内容如下。

①以绿茶为例,采用不同方法提取其中的茶多酚(2 学时);

②邻苯三酚自氧化反应条件确定(4 学时);

③一种茶叶茶多酚的抗氧化性研究(4 学时)。

(2)教学建议

①建议在实验活动前,指导教师给学生介绍实验的原理和目的,尽量结合生活案例进行讲解,如高尿酸、痛风等相关内容;

②建议在进行茶叶茶多酚提取时,讨论不同提取方式对茶多酚提取物含量的影响,如常规浸提、微波辅助提取、索氏提取、超声辅助提取等;

③建议在学生做实验前,指导教师先进行预实验,使学生了解清楚实验过程中存在关键步骤和要素,并撰写适合中学生实验的设计方案;

④在指导老师的协助下,学生参考教学案例完成茶多酚的提取,计算提取率;对实验中存在的问题进行讨论,分析可能存在的原因。

(3)思考与创新

①学生可通过单因素和正交试验方法设计茶叶茶多酚提取物的制备实验,筛选出较优的因素组合,实现茶叶茶多酚提取物的工艺优化;

②茶叶是人们常用生活饮品之一,是否具有降尿酸作用值得探索,并探索与其类似的物质是否也具有相同或更加优异的生物活性;

③人体高尿酸的成因与哪些因素有关,可组织学生开展实地调研分析,如记录身边患高尿酸血症的亲戚或朋友的生活习惯(饮食、作息时间、运动类型及时间等),并加以分析,撰写调研报告和指导意见。

3.2　抗抑郁活性功能评价

3.2.1　概述

抑郁症(major depression disorder,MDD)是一种慢性的情感类精神疾病,中医称"郁病、百合病、梅核气"等,主要临床症状为显著而持久的情绪低落、活动能力减退、思维与认知功能迟缓;有高复发率、高致残率、高自杀率等特点。据世界卫生组织最新报道,全球抑郁症患者约有 3.22 亿,患病率高达 4.4%,我国抑郁症患病率约为 4.2%。抑郁症发病率高居精神疾病之首,严重危害患者的身心健康,其社会危害性很大。

抑郁症的发病机制目前尚不明确,主要可分为单胺类神经递质假说和神经内分泌失调假说两大类。单胺类神经递质假说是最早提出的抑郁症发病机制,其认为抑郁症的发生与单胺类神经递质[如 5-羟色胺(5-HT)、多巴胺(DA)、去甲肾上腺素(NE)]的水平减少有着密切的联系;神经内分泌失调假说认为下丘脑-垂体-肾上腺轴(HPA)和下丘脑-垂体-甲状腺轴功能失调,引起神经内分泌和免疫系统紊乱可能是造成抑郁症的原因。

抑郁动物模型是了解其病理机制的关键。因此,研究抗抑郁天然药物也必然离不开动物抑郁模型的建立。由于抑郁症的致病因素复杂,发病机制不明,因此各种动物抑郁模型方法也有很大差异。抑郁造模的动物有大鼠、小鼠、恒河猴、食蟹猴、斑马鱼、树鼩等。抑郁模型的建立基于"行为学变化相似性"原则。抑郁动物模型有应激法、糖皮质激素诱导法、利血平诱导法、脂多糖诱导法、手术造模、基因敲除及联合应用造模法等。不同模型各有其优缺点和适用范围,适合不同的抑郁症状和表现,可供研究者基于不同的研究目的和方向去选择,其中,应激法抑郁动物模型具有很高的特异性,可以模拟出与人类抑郁相似的症状,有利于抑郁病因或抗抑郁药物的研究。模型的成功与否需要对评价指标进行检测。抑郁动物模型的评价指标可分为行为学指标与生化指标,其中行为学指标有体质量、摄食量及其他行为学指标的检测,如糖水偏好实验、强迫游泳实验、新环境旷场实验、条件性恐惧实验、迷宫实验等;生化指标一般检测单胺类神经递质(5-HT、DA、NE)或者糖皮质激素及前炎性细胞因子等的表达水平。

应用于临床的 5-HT 再摄取抑制剂等抗抑郁一线药物,长期服用存在较大的副作用,如出现头痛、烦躁易怒等,因此从中医药中寻找疗效好、毒副作用较小的替代药物成为近年来抗抑郁研究的热点。研究显示,银杏、贯叶连翘、贯叶金丝桃、黄连、槟榔、石菖蒲、积雪草、绞股蓝等具有一定的抗抑郁作用。近 10 年天然药物抗抑郁相关报道显示,这些药物集中在百合科、芸香科、茜草科、豆科、伞形科、茄科及五加科;黄酮类、生物碱类、皂苷类及挥发油类为其主要活性成分,这些活性成分在抑郁动物模型行为学指标及生化指标中均表现出一定的抗抑郁效果,但对于天然药物的药效关系及作用机制还有待进一步研究。我国天然药物资源丰富且有悠久的临床用药经验,利用现代药理学、分子生物学的研究方法,从中筛选并开发高效、安全、快速抗抑郁新药具有广阔的研究前景。

参考文献

[1] 唐启盛. 抑郁症中医证候诊断标准及治疗方案[J]. 北京中医药大学学报,2011,34(12):810-811.

[2] Wohleb E S,Franklin T,Iwata M,et al. Integrating neuroimmune systems in the neurobiology of depression[J]. Nat Rev Neurosci,2016,17(8):497-511.

[3] 余旭奔,杜贯涛,刘广军,等. 新型抗抑郁药物分子靶标研究进展[J]. 药学进展,2016,40(8):577-582.

[4] 王琳,张兴军,金黎明,等. 抗抑郁药物的研究进展[J]. 化学世界,2022,63(2):83-93.

[5] Planchez B,Surget A,Belzung C. Animal models of major depression:drawbacks and challenges[J]. J Neural Transm,2019,126(11):1383.

[6] 王雪雪,陶柱萍,厉颖,等. 抑郁动物模型的研究进展及在中医药中的应用[J]. 中国中药杂志,2020,45(11):2473-2480.

[7] 张潇,田俊生,刘欢,等. 抗抑郁中药新药研发进展[J]. 中国中药杂志,2017,42(1):29-33.

[8] 王婷,孙静莹,王云,等. 近 10 年天然药物抗抑郁研究进展[J]. 广东药科大学学报,2019,35(6):853-857.

3.2.2　基于"天然药物活性"视角下民族药青阳参抗抑郁活性探究性实验设计

1. 科研成果简介

(1)论文名称:青阳参总苷对社会挫败应激模型大鼠的抗抑郁作用研究

(2)作者:张萌,高博,杨庆雄,等

(3)发表期刊:中国民族民间医药,2018 年

(4)发表单位:贵州师范大学

(5)基金资助:国家自然科学基金项目(31760091)

(6)研究图文摘要:

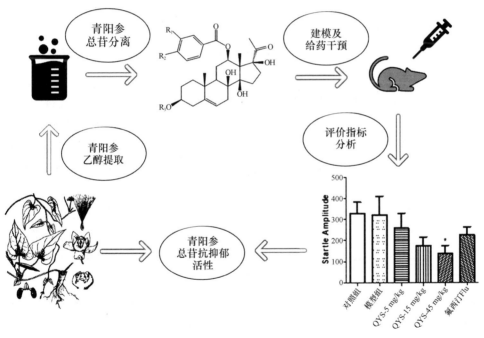

青阳参($Cynanchum\ otophyllum$)为萝摩科鹅绒藤属植物,多年生草质藤本,别名青羊参、白药、千年生、白石参、毒狗药、小白蔹、牛尾参等,生于海拔 1500～2800 m 的山地、溪谷疏林中或山坡路边,分布于湖南、广西、贵州、云南、西藏等省区,是西南地区各少数民族常用药材,已被收载于云南省药品标准中,具有显著地方特色。其性微温,味甘微苦,具有补气益肾,强筋壮骨,活血散癖,祛痰止咳,除湿

解毒的作用,常用于治疗子宫肌瘤、风湿痹痛、肾虚腰痛、腰肌劳损、跌扑闪挫、蛇犬咬伤以及癫痫。研究表明,青阳参有抗癫痫、抗抑郁、抗肝炎、抗美尼尔综合征和免疫调节作用。研究发现,青阳参的主要活性成分为 C_{21} 甾体苷类,包括青阳参苷元、告达亭苷元、萝藦苷元等。目前,青阳参片作为一种抗癫痫药物已使用多年,但其抗抑郁及抗应激作用仍处于研究阶段。

目的:评价青阳参总苷(QYS)的抗抑郁活性。方法:60 只大鼠随机分为对照组、模型组、QYS 低中高剂量组,氟西汀作为阳性对照组。首先进行 10 d 社会挫败应激,第 5 天开始灌胃给药,然后测试糖水偏爱、旷场、惊跳反射和前脉冲抑制等行为。结果:与模型组相比,QYS 和氟西汀能显著抑制应激 8 d 的大鼠糖水偏爱值下降,旷场实验大鼠自主活动性和不动时间没有显著变化,而 QYS 高剂量组和阳性对照组能增加大鼠僵直时间;大鼠惊跳反射和前脉冲抑制没有显著变化,而QYS 高剂量组能显著降低大鼠 105 dB 惊跳反射幅值;与模型组间的差异有统计学意义($P<0.05$)。结论:QYS 对社会挫败应激大鼠抑郁行为具有调节作用。

2. 教学案例概述

天然药物活性分析是现代中医药研究发展的重要途径,是利用现代科学解读中医药学原理,走中西医结合道路的基础。我国中医药学包含着中华民族几千年的健康养生理念及其实践经验,是中华文明的一个瑰宝,凝聚着中国人民和中华民族的博大智慧。习近平总书记曾在全国中医药大会上对中医药的发展作出"传承精华,守正创新"的重要指示。

本案例基于"天然药物活性"的研究成果,以民族中医药青阳参抗抑郁活性为研究对象,开设了以学生为主导的民族药青阳参抗抑郁活性探究性综合化学实验课程,结合学生理论基础进行实践教学,弥补基础实验教学内容的单一化和学科知识交叉不足。本综合性实验课程内容可促使学生掌握天然产物化学有效成分的提取制备流程、基本操作、数据的统计学分析处理方法;同时,也有助于学生将已学的相关理论课程(如有机化学、天然产物化学、天然药物化学及数据统计学等)紧密联系起来,提高学生理论应用能力,激发他们对科研工作的兴趣。更重要的是,实验内容设计内容丰富,融合了多学科知识,可较好地培养工科学生的科学素质、工程素质、解决复杂工程问题能力和科学探究意识,符合新工科背景下工程教育课程教学改革的新要求。本实验的主要内容包括:①青阳参总苷的提取制备;②建立社会挫败应激(social defeat stress)模型并进行模型评价;③青阳参总苷对社会挫败应激大鼠抗抑郁有效性评价。

3. 实验目的

(1)了解民族药青阳参在中医药领域的药理作用;

(2)了解抑郁症的发病机理、病症评价标准及临床行为表现;

(3)熟悉青阳参中主要活性成分及其提取分离方法;

(4)掌握 SD 大鼠社会挫败应激模型的构建及模型评价方法;

(5)重点掌握给药干预后大鼠抗抑郁评价方法和实验数据的统计学分析。

4. 实验原理与技术路线

本综合性实验原理是依据大鼠社会挫败应激模型的动物行为学,考察青阳参中主要药效成分对抑郁样行为的缓解作用评价。首先,采用溶剂浸提法对青阳参药效物质进行提取;其次,对制备获得的青阳参浸膏进行分离纯化,获得槐米中主要化学成分——青阳参总苷;再次,成功构建大鼠的社会挫败应激模型;最后,对模型大鼠进行青阳参药物干预,从行为学角度评价其抑制作用。实验技术路线可见图 3-14 所示,学生可根据下列实验技术路线进行实验方案制作和实施。

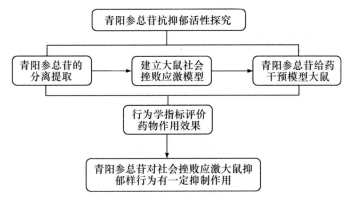

图 3-14 技术路线

5. 实验材料与仪器

(1)实验动物 雄性 SD 大鼠 60 只,雄性 Long-Evans 大鼠 30 只,均为清洁级,体重(250±10) g。动物购自北京维通利华实验动物技术有限公司,动物合格证:SCXK(京)2016—0011。光周期 8:00—20:00,温度 20~24 ℃,湿度 40%~70%,自由饮水进食。

(2)实验药品 氟西汀[批号:J20160029,购自瑞博(苏州)制药有限公司],注射用生理盐水,75%酒精,蔗糖,无水乙醇,石油醚,氯仿,青阳参总苷(自制)。

（3）实验仪器 电子天平（FA124，上海舜宇恒平科学仪器有限公司），旋转蒸发仪（N-1210BV-WB，日本东京理化器械株式会社），反射测试箱（美国 San Diego Instruments，Inc），新环境行为测试箱（开放旷场，LA）。

6. 实验步骤

（1）青阳参总苷的制备 称取青阳参根茎粉末 2.5 kg 于 20 L 试剂桶中，加入 7.5 L 80％乙醇，提取 3 次，室温浸泡 3 d，浸泡期间不定时搅拌，过滤，合并 3 次滤液，减压浓缩至无溶剂状态，回收乙醇，获得青阳参提取物浸膏。取浸膏，加 1 L 超净水超声分散 10 min，采用石油醚萃取 3 次，除去脂溶性物质，之后以氯仿萃取水层 3 次，合并氯仿萃取层，减压浓缩至无溶剂状态，回收氯仿，然后，冷冻干燥 24 h，可获得浅黄色青阳参总苷粉末 91 g，产率为 3.6％。

（2）实验大鼠分组 清洁级 SD 大鼠 60 只，根据应激前糖水偏爱基线值对动物进行平均分组，分为 6 组，每组 10 只。分别为：对照组（control）、模型组（stress）、青阳参总苷低、中、高（QYS-5、15、45 mg/kg）剂量组和阳性对照组（氟西汀，1.8 mg/kg）。

（3）建立大鼠社会挫败应激模型 将 SD 大鼠放入 Long-Evans 大鼠饲养盒中，Long-Evans 大鼠作为居住者会主动攻击 SD 大鼠，每次打斗 1 h，前 0.5 h 让其任意打斗，后 0.5 h 在饲养盒中间放置一个铁丝网制成的隔板，使两只动物无法直接接触，但存在视觉、嗅觉、触觉的接触，1 h 后 SD 大鼠回笼。此后隔天按照上述方法进行应激，共应激 10 d。

（4）给药方法 将 QYS 和氟西汀粉末分别溶于蒸馏水，QYS 低、中、高给药剂量分别为 5、15、45 mg/kg，阳性对照组氟西汀剂量为 1.8 mg/kg，应激前 1 h 灌胃给药。应激第 5 天开始每隔 1 d，QYS 灌胃给药 1 次，共给药 6 次，同时阳性对照组大鼠每天灌胃给药 1 次，对照组每天给蒸馏水。

（5）糖水偏爱行为测试 按照文献方法，单笼大鼠进行 1 周糖水适应训练，第 1 天适应双瓶 1％的蔗糖水，第 2 天后均换成 1 瓶清水和 1 瓶 1％的蔗糖水，在第 8 天测试糖水偏爱基线值（糖水偏爱＝糖水消耗量/（糖水消耗量＋清水消耗量）×水消耗量×100％），测试前限制饮水 24 h。应激前糖水偏爱基线值作为应激 0 d 数据，然后以同样方法在应激第 4、8、10 天分别测试各组大鼠糖水偏爱值。

（6）旷场行为测试 旷场测试箱规格：100 cm×60 cm×50 cm。QYS 给药结束后用陌生情境旷场箱测试动物的新颖寻求行为，记录 10 min 内大鼠在旷场中僵直行为时间、不动时间和运动距离行为指标。

(7)惊跳反射行为测试　测试前大鼠放入惊跳反射箱的透明束缚盒进行环境适应,第2天将大鼠全部放入箱内,箱内持续65 dB白噪声直至实验结束,适应300 s后,给予90 dB、100 dB、110 dB,50 ms的白噪音刺激各10次,刺激顺序随机,刺激间隔10～50 s。记录小鼠在声音刺激开始前200 ms至声音结束后1000 ms的惊跳反射幅值,考察QYS能否抑制应激引发的惊跳反射增强现象。

(8)前脉冲抑制行为测试　前脉冲抑制(PPI)指在惊吓刺激之前给予轻微刺激(前脉冲)可以抑制动物对刺激反应的现象,而强应激后动物会出现PPI缺失行为。惊跳反射行为测试3 h后,动物在惊跳反射箱进行前脉冲抑制测试,首先给予30 dB前刺激,记录在68、71和77 dB声音刺激下的惊跳反射幅值,其他程序参数与惊跳反射行为测试一致。考察QYS对应激后动物的PPI行为的影响。

(9)统计分析　采用SPSS 19.0进行数据处理,数据均以 $x \pm s$ 表示,采用双因素及单因素方差分析,以 $P < 0.05$ 代表存在显著差异,具有统计学意义。

7. 结果与讨论

(1)青阳参总苷对社会挫败应激大鼠糖水偏爱的影响　结果如图3-15所示,随应激时间的延长,实验处理组糖水偏爱值与应激时间的交互作用显著($F = 2.287, P < 0.01$)。在应激8 d,与模型组对比,对照组糖水偏爱值显著下降($t = 5.665, P < 0.001$),QYS(5、15、45 mg/kg)组能够逆转糖水偏爱值下降($t = 3.174, P < 0.01; t = 3.964, P < 0.001; t = 5.284, P < 0.001$),并呈现一定的剂量依赖关系,Flu同样能反转应激后大鼠糖水偏爱下降($t = 5.699, P < 0.001$)。第10天糖水偏爱值有所回升,但与模型组对比,对照组糖水偏爱值显著下降($t = 2.548, P < 0.05$),QYS给药组与模型组没有显著差异。

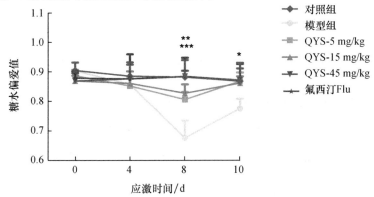

图3-15　青阳参总苷对社会挫败应激糖水偏爱的影响

（2）青阳参总苷对社会挫败应激大鼠旷场行为的影响　如图 3-16 所示，旷场行为测试结果显示，僵直时间组间有显著差异（$F=3.397$，$P<0.05$），事后检验，对照组与模型组没有显著差异，而 45 mg/kg 剂量 QYS 具有一定增加大鼠僵直时间的作用（$t=3.283$，$P<0.01$），Flu 组大鼠僵直时间也呈现增加（$t=3.028$，$P<0.05$）。而旷场中大鼠的不动时间和活动距离，各组之间没有显著差异。

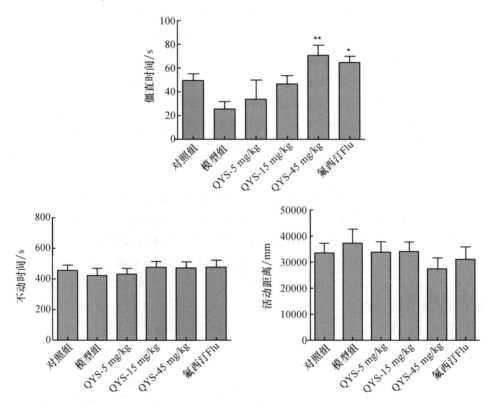

图 3-16　青阳参总苷对社会挫败慢性应激陌生情境旷场的影响

（3）青阳参总苷对社会挫败应激大鼠惊跳反射的影响　如图 3-17 所示，惊反射结果表明，模型组与对照组相比，对 3 个不同强度声音刺激诱发的惊反射无显著性差异（$P>0.05$），但 QYS-15 mg/kg 剂量组对 95 dB 弱刺激的惊反射有抑制趋势，但对 105 dB 和 115 dB 诱发惊反射抑制趋势不明显，QYS-45 mg/kg 剂量组对 105 dB 中等刺激诱发惊反射有一定的抑制作用（$P<0.05$），并呈现有剂量效应趋势；青阳参总苷给药组对 115 dB 声音刺激诱发惊跳反射没有差异性。

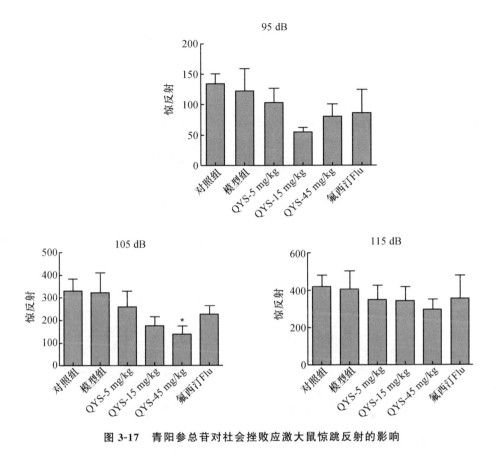

图 3-17　青阳参总苷对社会挫败应激大鼠惊跳反射的影响

　　(4)青阳参总苷对社会挫败应激大鼠前脉冲抑制的影响　PPI 结果显示(图 3-18):68、71、77 dB 刺激下的 PPI,各给药处理组间没有显著变化,模型组与空白对照组相比没有显著差异($P>0.05$)。

8. 结语

　　本实验旨在让学生掌握如何通过实验分析天然药物活性成分的有效性;实验融合了多学科知识体系,如有机化学、天然产物化学、天然药物化学及数据统计学,是一个研究创新型综合化学实验,也是前期教师科研成果内容的教学转化。整个实验过程主要包括青阳参总苷的提取制备、如何建立社会挫败应激模型并进行模型评价、如何评价青阳参总苷对社会挫败应激大鼠抗抑郁作用的有效性、通过统计分析得出结论。该综合化学实验除了学生已掌握的课程知识,还交叉了实验动物

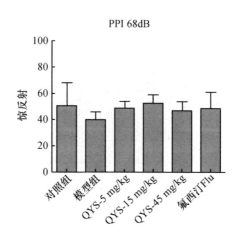

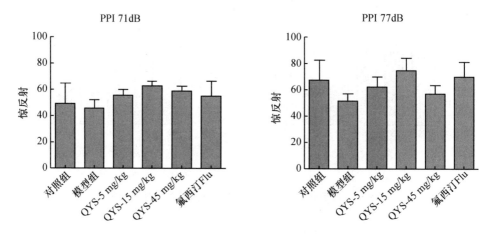

图 3-18　青阳参总苷对社会挫败应激大鼠前脉冲抑制的影响

学,需要教师对应指导教学基本操作;该实验的实施将多学科的基础理论知识点进行了有机融合,并用于实践,有助于提高学生的科学核心素养、创新能力及解决分析问题的能力。因此,可在地方院校新工科化工专业或制药工程专业高年级本科生中开设此实验。此类探究性实验的开展,可引导学生了解化工与制药学科的前沿知识,提高学生的实验技能和科学素养。本实验的开展可为地方院校新工科专业课程内容建设提供示范案例,也可为教师科研成果转化为实践教学提供重要的途径参考。

9. 参考文献

[1] 中国科学院中国植物志编辑委员会. 中国植物志[M]. 北京:科学出版社,1982.

[2] 孙跃农,闫继兰. 民族药青阳参的临床运用[J]. 中国民族民间医药杂志,1999(5):309.

[3] 匡培根,吴义新,孟繁瑾,等. 青阳参治疗癫痫大发作——附动物实验观察[J]. 中医杂志,1980(8):22-25.

[4] Li X,Yang Q,Hu Y. Regulation of the expression of GABAA receptor subunits by an antiepileptic drug QYS[J]. Neuroscience Letters,2006,392 (1-2):145-149.

[5] 于彩媛,李宁,张建军. 青阳参总苷对慢性不可预知轻度应激大鼠的抗抑郁作用[J]. 中国实验方剂学杂志,2015,21(13):87-90.

[6] 钱玺丞,杨超,綦世金,等. 青阳参化学成分及药理作用研究进展[J]. 中成药,2022,44(5):1553-1562.

[7] Ma X X,Jiang F T,Yang Q X,et al. New pregnane glycosides from the roots of *Cynanchum otophyllum*.[J]. Steroids,2007,72(12):778-786.

[8] Li X,Luo Y,Li G P,et al. Pregnane glycosides from the antidepressant active fraction of cultivated *Cynanchum otophyllum*.[J]. Fitoterapia,2016,110:96-102.

[9] 桂舒佳,田绍文,谢明. 社会挫败应激模型的研究进展[J]. 社区医学杂志,2015,13(24):81-83.

[10] 祁可可,冯敏,孟肖路,等. 树鼩的社会挫败抑郁模型[J]. 心理科学进展,2012,20(11):1787-1793.

[11] 肖华. 转基因小鼠 PTSD 模型研究[D]. 长沙:湖南师范大学,2016.

10. 硕士研究生实践教学组织、建议、思考与创新

(1)教学组织 本实验可面向材料与化工工程硕士专业生物化工研究方向的学生开设,共分为 4 组,每组 1~2 人,共 18 学时。实验内容安排如下。

①青阳参提取物的制备(2 学时);

②青阳参总苷的分离提取(2 学时);

③大鼠社会挫败应激模型的建立(6 学时);

④青阳参总苷药物干预对社会挫败应激模型大鼠的抑郁样行为的影响(6 学

时）；

⑤利用 SPSS 等统计学软件处理及分析数据（2 学时）。

（2）教学建议

①建议学生提前通过文献查阅青阳参总苷 C_{21} 甾体苷元的化学性质和相关结构式和动物实验建模及给药的基本操作；

②建议学生提前了解青阳参总苷的提取及分离方法；

③建议学生讨论大鼠抑郁样行为的表现，并结合测试设备分析如何采集大鼠抑郁样行为；

④建议学生讨论分析灌胃、腹腔注射等不同给药方式对药物在动物体内代谢有何影响，如何选择给药方式；

⑤建议指导教师引导学生对大鼠社会挫败应激模型建立及评价指标内容的设计。

（3）思考与创新

①青阳参总苷 C_{21} 甾体苷类化合物的种类及不同甾体苷元之间有何结构区别？

②我国中医药中还有哪些具有抗抑郁作用的中药材，其成分和青阳参总苷有何区别？

③大鼠社会挫败应激模型的成功建立是实验展开的关键，如何衡量模型是否可行？

④青阳参总苷有一定毒副作用，在选择给药方法时应如何尽量将副作用的影响降低？

⑤抑郁症属于精神类疾病，已知研究中青阳参总苷作用病灶在何处，如何在分子水平上实现抗抑郁作用？

11. 本科生课程教学组织、建议、思考与创新

（1）教学组织　本实验可面向新工科专业（应用化学、化工、环境工程及材料工程专业）的高年级（二年级以上）本科学生开设，共分为 6 组，每组 4～5 人，共 12 学时，分别进行以下实验内容。

①青阳参提取物的制备（4 学时）；

②青阳参总苷的分离提取（4 学时）；

③毒理学实验：青阳参总苷给药剂量的确定（4 学时）。

（2）教学建议

①建议学生在实验前一周分组进行大鼠日常饮水、喂食、抚触、抓取等操作练习；

②建议学生在青阳参提取物制备时，讨论同种溶剂不同提取方式对青阳参提取物收率影响，如常温浸提提取、回流浸提、索氏提取、超声提取等；

③建议学生查阅青阳参临床应用及科学研究现状，青阳参抗抑郁活性如何通过动物实验进行验证；

④建议指导教师示范实验大鼠的抓取、灌胃、注射等规范操作，便于学生掌握，避免发生意外；

⑤建议指导教师引导学生对青阳参总苷毒理学实验内容的设计。

（3）思考与创新

①如何综合采用不同提取方式及分离提取方法，以提高青阳参总苷的收率？

②如何避免青阳参总苷分离萃取的乳化问题，萃取过程中的乳化问题如何解决？

③青阳参总苷还可分为不同 C_{21} 甾体苷，应该采用何种方法进行下一步分离？

④灌胃给药与腹腔注射给药两种方式对每次/日给药剂量的要求有何不同？

⑤青阳参总苷给药的半数致死量 LC_{50} 该如何计算？

12. 中学生课外活动教学组织、建议、思考与创新

（1）教学组织　本实验可面向中学化学（初级和高级中学）学生开设科技创新课外活动课程，指导学生课后如何开展青少年科学创新活动。实验内容包括以下方面。

①青阳参提取物的制备；

②青阳参总苷的分离提取；

③社会挫败应激模型的建立及动物行为观测记录。

（2）教学建议

①建议在实验活动前，指导教师给学生介绍实验的原理和目的，尽量结合生活案例进行讲解，如应激生理反应、抑郁症等相关内容；

②建议在进行青阳参提取物制备时，讨论不同浓度乙醇溶剂比例对青阳参提取物含量影响；

③建议在学生做实验前，指导教师先进行预实验，了解清楚实验过程中存在的关键步骤和要素，并撰写适合中学生实验的设计方案；

④在指导老师的协助下，学生参考教学案例完成社会挫败应激模型的建立及模型动物抑郁样行为观测记录，分析影响模型成败的可能因素。

（3）思考与创新

①学生可选用正交设计和响应面方法设计青阳参总苷提取实验，筛选出较优的因素组合，实现提取工艺优化；

②抑郁症的临床诊断标准是什么，大鼠社会挫败应激模型能模拟哪些抑郁样行为？

③抑郁症的成因与什么因素有关？可在医院开展实地调研分析，如根据 SDS 抑郁自评量表分析患者的基本情况，了解临床治疗除了药物治疗是否还有其他方法，并加以分析，撰写调研报告和指导意见。

3.3　降尿酸功能评价

3.3.1　概述

高尿酸血症（HUA）作为一种常见的嘌呤代谢紊乱的代谢性疾病，主要表现为血尿酸水平持续异常增高，是痛风性关节炎发病的重要根源，也是引发高血压、糖尿病及心血管等病症的重要因素，已成为严重危害人类健康的病源之一。据统计，我国目前约有 HUA 患者 1.8 亿，在世界范围内，呈逐年上升趋势，且发病年龄低龄化。从嘌呤到尿酸的代谢途径为：首先，腺嘌呤和鸟嘌呤经酶解作用生成肌苷和鸟苷；其次，嘌呤核苷磷酸化酶将肌苷和鸟苷分别转化为次黄嘌呤和鸟嘌呤；最后，在黄嘌呤氧化酶（XOD）作用下进一步氧化为尿酸。其中 XOD 是嘌呤代谢途径中的关键酶之一。

目前临床上用于治疗 HUA 的策略主要是抑制尿酸生成或促进尿酸排泄。抑制尿酸生成即 XOD 抑制剂已成为治疗 HUA 的关注焦点，如别嘌呤醇、非布司他和托匹司他，已在全球范围广泛应用，但无法避免引发心血管疾病、皮疹、腹泻及肝功能损伤等副作用。传统中医药相对于临床化学合成类降尿酸药物在降尿酸功效中具有多靶点、副作用低等无法比拟的优势。因此，为克服临床化学合成类药物使用带来的肝功能损伤等副作用，从天然药物中寻找新的高效低毒的 XOD 抑制剂迫在眉睫。

从天然药物中筛选 XOD 抑制剂，主要分为体外和体内两类研究方法，相较于体外研究,体内研究由于考虑机体代谢等情况,更能体现药物作用的有效性。借助嘌呤类物质、氧嗪酸钾、乙胺丁醇等药物诱导或者选择基因敲除动物建立高尿酸血症的动物模型,是体内研究天然药物降尿酸作用的前提。大量研究表明:药用植物中具有大量能够抑制体内尿酸水平的有效成分,且在动物体内抑制实验中已证实了一些天然单体化合物具有较好抑制活性,或许可作为降尿酸新药研发的切入点,但目前大多数天然药物降尿酸作用的研究仍在基础阶段,其活性成分和作用机制尚不明确。例如黄酮类、多酚类、多糖类和生物碱类等化合物均能通过抑制 XOD 活性降低尿酸水平,其中植物提取物中的黄酮类化合物是该领域研究最多的天然活性物质。通过高尿酸血症动物模型和细胞模型,明确天然药物成分对 XOD 抑制的构效关系及作用机制,对其结构进行改造,进一步提高药效并降低副作用,进而开发 XOD 抑制剂降尿酸药物,将对推进降尿酸药物的研发具有重要意义。

参考文献

［1］姜泉,韩曼,唐晓颇,等.痛风和高尿酸血症病证结合诊疗指南[J].中医杂志,2021,62(14):1276-1288.

［2］Lu J M,Yao Q,Chen C. 3,4-Dihydroxy-5-nitrobenzaldehyde（DHNB）is a potent inhibitor of xanthine oxidase：A potential therapeutic agent for treatment of hyperuricemia and gout[J]. Biochem Pharmacol,2013,86:1328-1337.

［3］White W B,Saag K G,Becker M A,et al. Cardiovascular safety of febuxostat or allopurinol in patients with gout[J]. N Engl J Med,2018,378:1200-1210.

［4］Katsuyama H,Yanai H,Hakoshima M. Renoprotective effect of xanthine oxidase inhibitor,topiroxostat[J]. J Clin Med Res,2019,11:614-616.

［5］张楠,胡欣瑜,董鲜祥,等.高尿酸血症动物模型的研究进展[J].昆明医科大学学报,2019,40(6):129-134.

［6］姜楠,张晓琳,田金英,等.具有黄嘌呤氧化酶抑制作用的天然产物之研究进展[J].药学学报,2021,56(5):1229-1237.

［7］张志姣,梁瑞鹏,赵彤,等.具有降尿酸或抗痛风活性的天然产物研究进展[J].药学学报,2022,57(6):1679-1688.

3.3.2 基于"药食同源"生物资源视角下的藤茶水提物降尿酸作用探究性实验设计

1. 科研成果简介

(1)论文名称:藤茶水提物对高尿酸血症大鼠的降尿酸作用研究

（2）作者:张萌,姚元勇,陈仕学
（3）发表期刊:待发表
（4）发表单位:铜仁学院
（5）研究图文摘要:

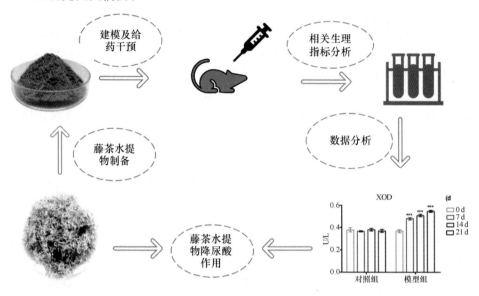

高尿酸血症（HUA）作为一种常见的嘌呤代谢紊乱的代谢性疾病,已成为严重威胁人类健康的病源之一。围绕天然 XOD 抑制剂这一研究热点,期望克服临床使用化学合成类药物带来的肝功能损伤等副作用,从中医药中寻找新的高效低毒的尿酸生成抑制剂。研究表明,藤茶及其提取物具有抗炎、抗菌、抗氧化、降血糖、降血脂、降压等多种药理活性。该叶片富含多样的多酚类化合物,且含量较高,其中二氢杨梅素（DMY）含量可达 25％,是目前为止发现的该化合物含量最高的植物,已有研究表明 DMY 可能具有降尿酸活性。鉴于此,本研究基于大鼠高尿酸血症模型考察 AG 水提物降尿酸作用,为藤茶叶的降尿酸潜在新途径提供重要的理论依据。

目的:评价藤茶水提物（AGWE）的降尿酸作用。方法:连续 21 d 以盐酸乙胺丁醇与腺嘌呤混悬液灌胃建造大鼠高尿酸血症（HUA）模型,同时 AGWE 低、中、高剂量组（160mg/kg、320mg/kg、480mg/kg）和别嘌呤醇阳性对照组连续给药 21 d,分别在 0、7、14、21 d 检测大鼠血清尿酸（UA）、尿素氮（BUN）、肌酐（CRE）浓度以及黄嘌呤氧化酶（XOD）活性,建模结束后对肝肾切片染色,观察肝肾组织的病理学特征。结果:与对照组相比,建模过程中模型组大鼠血清中 UA、BUN、CRE

浓度及 XOD 活性均持续显著升高($P<0.001$),AGWE 低、中、高剂量组能有效降低大鼠血清中 UA、BUN、CRE 浓度及 XOD 活性,且随建模天数延长降低效果越显著($P<0.05$,$P<0.01$,$P<0.001$)。另外,AGWE 能显著降低高尿酸血症大鼠的肾脏系数。同时,HE 病理切片表明 AGWE 对大鼠肾脏组织病变具有一定的保护作用。实验结论:AGWE 对高尿酸血症大鼠具有明显降尿酸及肾脏保护作用,并对 XOD 活性有抑制作用。

2. 教学案例概述

藤茶(AG)中文植物名为显齿蛇葡萄,属于葡萄科蛇葡萄属的一种野生藤本植物。本实验选用的藤茶分布于武陵山脉区域,是贵州省铜仁市特色的生物食用资源,属于"药食同源"类生物资源。本实验案例以本地优势植物资源为研究对象,主要内容包括:①藤茶水提物的提取制备;②建立高尿酸血症动物模型并进行模型评价;③藤茶水提物的降尿酸作用有效性评价。结合 3 点内容可分步开设以学生为主导的藤茶水提物降尿酸作用探究性综合化学实验课程,结合学生理论基础进行实践教学,带领同学们探究优势植物资源的生物活性,为本地资源发展提供科学依据。该综合性实验课程融合了有机化学、生物化学、分析化学及药理学等多学科内容,弥补了单一验证性实验课程的不足,可有效地促使化学、生物和药学相关专业学生对多知识体系的掌握,提升学生对我国中医药科研究学创新的兴趣。本探究性实验课程内容设计丰富,可满足不同层次的学生进行学习,符合大、中学生课外科技活动课程的要求。

3. 实验目的

(1)了解药食同源——藤茶在中医药领域的药理作用;

(2)了解黄嘌呤氧化酶在人体代谢过程中的作用地位及与高尿酸血症发生的联系;

(3)熟悉藤茶中主要化学成分和藤茶水提物的提取工艺;

(4)掌握动物实验的基本操作和大鼠高尿酸血症模型的构建;

(5)重点掌握给药干预的评价方法和数据处理分析。

4. 实验原理与技术路线

本综合性实验原理是依据大鼠高尿酸血症模型,通过分子代谢及肾脏病理切片的异常变化,考察藤茶水提物中药效成分对高尿酸血症的缓解作用评价。首先,采用中药煎煮法,经浓缩、冷冻干燥制取藤茶水提物;其次,建立大鼠高尿酸血症模型,并进行尿酸、尿素氮、肌酐浓度以及黄嘌呤氧化酶活性指标评估;再次,对模型组、阳性对照组大鼠分别灌胃给予藤茶水提物和别嘌呤醇,分别在第 0 天、第 7 天、第 14 天、第 21 天进行生理指标检测；最后，21 d 后取大鼠肾脏制备 HE 病理切片，考察藤茶水提物对大鼠肾脏的影响，同时检测肝脏 XOD 活性。通过评价大鼠生理指标及肾脏病理切片得出藤茶水提物对高尿酸血症的干预结果。实验技术路线见图 3-19，学生可根据此实验技术路线进行实验方案制作和实施。

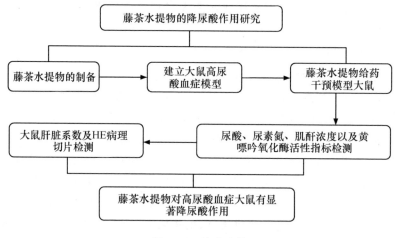

图 3-19　技术路线

5. 实验材料与仪器

(1)实验动物　雄性 SD 大鼠 48 只，体重(150±20) g，均为清洁级，动物购自上海斯莱克实验动物有限责任公司，动物合格证：SCXK(沪)2012-0002。光周期8：00～20：00，温度 20～24 ℃，湿度 40％～70％。大鼠自由饮水进食。

(2)实验药品　腺嘌呤(上海阿拉丁生化科技股份有限公司，批号：Y29D8C51553)；黄嘌呤氧化酶试剂盒(南京建成生物工程研究所有限公司，批号：180807)；别嘌呤醇片(合肥久联制药有限公司)；盐酸乙胺丁醇(上海阿拉丁生化科技股份有限公司，批号：170202)；野生藤茶(江口县铜江生物科技有限公司)。

(3)实验仪器　超声清洗仪(上海易净超声波仪器有限公司，YQ-020A)；旋转蒸发仪(日本东京理化器械株式会社，N-1210BV-WB)；真空冷冻干燥机(上海继谱电子科技有限公司，FD-2C-80)；涡流混合器[冠森生物科技(上海)有限公司，XH-D]；紫外-分光光度计(上海佑科仪器仪表有限公司，UV752)；冷冻离心机(湖南湘仪实验室仪器开发有限公司，TGL-16M)；恒温水浴箱(天津市泰斯特仪器有限公司，DK-98-IIA)；电子天平[梅特勒-托利多仪器(上海)有限公司，LE204E/02]；荧光显微镜(北京普瑞赛司仪器有限公司科研级正置显微镜，Axio Scope A1)；全自动生化分析仪[奥林巴斯(中国)有限公司全自动生化仪,AU640]。

6. 实验步骤

(1)藤茶水提物的制备　称取野生藤茶 5 kg,加水至完全没过,煎煮 50 min,纱布过滤后,重复煎煮 2 次,合并滤液,旋转蒸发仪浓缩,然后冷冻干燥 24 h,得淡绿色粉末。

(2)实验大鼠分组　清洁级 SD 大鼠 48 只,适应性喂养 7 d 后随机分为 6 组,每组 8 只。分别为:对照组、模型组、藤茶水提物低、中、高(160、320、480 mg/kg)剂量组和阳性对照组(别嘌呤醇,320 mg/kg)。

(3)建立大鼠高尿酸血症模型　以盐酸乙胺丁醇与腺嘌呤混悬液灌胃建造大鼠 HUA 动物模型,将盐酸乙胺丁醇 250 mg/kg 及腺嘌呤 100 mg/kg 分别溶于生理盐水,配制为浓度为 2.5% 的盐酸乙胺丁醇与浓度为 1% 的腺嘌呤,制成混悬液,其中模型组大鼠灌胃 2 mL 混悬液,每日一次,连续 21 d,空白对照组按等体积给予 0.9% 生理盐水灌胃。

(4)给药方法　藤茶水提物及别嘌呤醇分别溶于生理盐水配制成溶液备用,各药物干预组每日 9:00—10:00,灌胃给药 2 mL/次,连续 21 d,其中阳性对照组(别嘌呤醇)为 320 mg/kg,复方低、中、高剂量组分别为 160 mg/kg、320 mg/kg、480 mg/kg。对照组每天灌胃给予等体积生理盐水。

(5)大鼠测试尿酸、尿素氮、肌酐及黄嘌呤氧化酶指标检测　每组大鼠分别在模建的第 0、7、14、21 天,给药 1 h 后各组动物分别尾静脉取血,3000 r/min 离心 10 min,分离血清。对大鼠末次取血后,麻醉处死,取肝肾器官制作 HE 染色石蜡切片,进行病理组织学检测,部分肝脏匀浆检测 XOD 活性;按试剂盒检测说明测定血清中尿酸(UA)、尿素氮(BUN)、肌酐(CRE)含量以及 XOD 活性。

(6)统计分析　采用 SPSS19.0 进行数据处理,数据均以 $x \pm s$ 表示,采用双因素及单因素方差分析,以 $P < 0.05$ 代表存在显著差异,具有统计学意义。

7. 结果与讨论

(1)HUA 大鼠的血清 UA、BUN、CRE 浓度及 XOD 活性影响　如图 3-20 所示,在建模的第 7、14、21 天发现大鼠血清中 UA、BUN、CRE 浓度相对于对照组均有显著性升高($P < 0.0001$),且持续增加至 21 d 建模结束;同时,模型组大鼠 XOD 活性明显升高($P < 0.0001$),表明以盐酸乙胺丁醇与腺嘌呤混悬液诱导能建立稳定的 HUA 大鼠模型。

(2)藤茶水提物对大鼠 UA、BUN、CRE 浓度及 XOD 活性的影响　与模型组相比,阳性组及藤茶复方的低、中、高剂量组的 UA、BUN、CRE 浓度及 XOD 活性

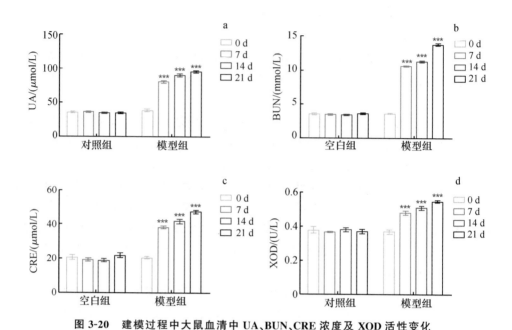

图 3-20　建模过程中大鼠血清中 UA、BUN、CRE 浓度及 XOD 活性变化

指标的变化并不仅仅只有降低，还有其指标水平异常升高的表现。如图 3-21 所示，与模型组相比，阳性组及藤茶复方给药的低、中、高剂量组的 UA 均呈现显著性下降（$P<0.01$），且低、中、高剂量组存在剂量效应，其中高剂量组对 UA 浓度的降低效果与阳性组在第 7、14 天测试时无显著差异性，效果基本一致，但其降低水平保持在大鼠 UA 代谢的正常水平 $C_0=(37.45\pm0.69)$ μmol/L，如图 3-20 所示。

与模型组相比，阳性组的 BUN、CRE 浓度变化结果呈现出显著性反向增加（$P<0.0001$），而藤茶复方给药的低、中剂量组的 BUN 浓度呈现显著性降低（$P<0.001$），高剂量组仅在第 21 天表现出降低效果；同时，藤茶复方给药的低、中、高剂量组的 CRE 浓度结果也表现出显著性降低（$P<0.001$），但未表现出剂量效应，以上 BUN、CRE 浓度降低程度仍在正常值 C_0 以上（如图 3-20b、图 3-21c 所示）。

与模型组相比，阳性组及藤茶复方的低、中、高剂量组的 XOD 活性在第 14、21 天测试中均表现出显著性降低（$P<0.001$），但降低程度较 UA、BUN、CRE 浓度变化程度出现很大不同。根据图 3-21d 结果可知，低剂量组 XOD 活性降低后仍处于正常值 $C_0=(0.36\pm0.01)$U/L 以上，而中、高剂量组以及阳性组 XOD 活性降低至 C_0 以下，以阳性组 XOD 活性降低程度最大，在第 21 天抑制率为 52.01%；

中、高剂量组 XOD 活性降低程度较接近正常水平,在第 21 天抑制率分别为
35.53%、32.78%。因此,综上结果表明,藤茶复方的中、高剂量对 HUA 大鼠的
XOD 活性有较良好抑制作用,而别嘌呤醇片对 HUA 大鼠的 XOD 活性有强烈抑
制作用,这可能也是其产生副作用的因素之一。

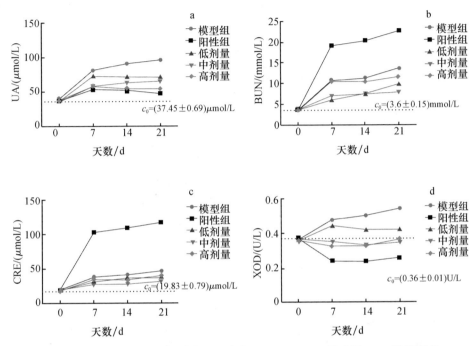

图 3-21　藤茶水提物干预后大鼠血清中 UA、BUN、CRE 浓度及 XOD 活性变化

　　(3)藤茶水提物对高尿酸血症大鼠肝肾系数变化的影响　大鼠的肾脏系数反
映了给药过程中药物对肾脏组织病变的影响程度,是衡量药物安全作用的重要因
素。与正常组大鼠相比,模型组大鼠的肾脏系数显著增加($P < 0.001$),肝脏系数
无显著变化,说明模型大鼠肾脏可能出现增生、炎症等病变。与模型组比较,别嘌
呤醇组大鼠肾脏系数显著降低($P < 0.01$),藤茶提取物组肾脏系数均有显著性降
低($P < 0.05$,$P < 0.01$,$P < 0.001$),说明藤茶提取物有降低高尿酸血症大鼠肾脏
系数的作用,然而对肝脏系数无明显作用(表 3-4)。

表 3-4　藤茶水提物对高尿酸血症大鼠肝肾系数变化的影响

组别	肾脏系数	肝脏系数
正常组	0.55 ± 0.03	4.10 ± 0.20
模型组	$0.70\pm0.07^{***}$	4.33 ± 0.03
别嘌呤醇组	$0.56\pm0.03^{\#\#}$	4.02 ± 0.11
低剂量组	$0.61\pm0.02^{\#}$	4.13 ± 0.02
中剂量组	$0.58\pm0.06^{\#\#}$	3.96 ± 0.19
高剂量组	$0.52\pm0.02^{\#\#\#}$	4.28 ± 0.30

* 表示正常组与模型组相比；＃表示模型组与别嘌呤醇组、低剂量组、中剂量组、高剂量组相比。

　　(4)藤茶水提物对高尿酸血症大鼠肝脏 XOD 活性的影响　由图 3-22 可知,经过 21 天建模及药物干预后,与正常组大鼠相比,模型组大鼠的肝脏 XOD 活性异常增加,阳性对照组经别嘌呤醇给药干预后,XOD 活性被显著抑制($P<0.001$),接近正常组大鼠水平。藤茶水提物低、中、高剂量组大鼠的肝脏 XOD 活性也被显著抑制($P<0.01$,$P<0.001$),但藤茶水提物低、中、高剂量与大鼠的肝脏 XOD 活性抑制程度为表现出剂量效应,总体抑制程度低于阳性对照组。

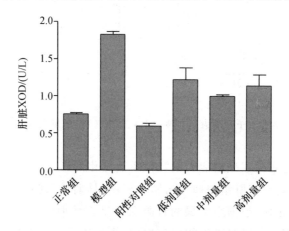

图 3-22　藤茶水提物对高尿酸血症大鼠肝脏 XOD 的影响

　　(5)藤茶水提物对高尿酸血症大鼠肾脏组织病理变化的影响　由图 3-23 可见,模型组大鼠的肾脏的组织病理学切片表现出明显的病理变化,肾小管上皮细胞空泡变形,炎症细胞浸润;与模型组相比,阳性对照组大鼠肾小管扩张明显,轻微水肿,而藤茶提取物给药组对肾组织损伤明显小于别嘌呤醇,说明藤茶水提取物给药组能够有效改善因高尿酸血症而导致的肾功能损伤。

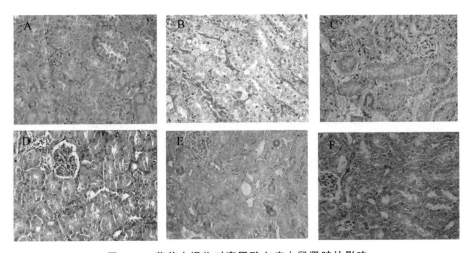

图 3-23　藤茶水提物对高尿酸血症大鼠肾脏的影响

注:正常组(A);模型组(B);阳性对照组(C);低剂量组(D);中剂量组(E);高剂量组(F)。

8. 结语

本综合化学实验旨在让学生掌握如何通过实验验证生物资源的活性功效;实验融合了多学科知识体系,如有机化学、天然产物化学、生物化学及药理学等,为学生提供了一个生物资源有效活性的研究案例,可按照该思路研究探索其他优势生物资源有效活性的功效,为其提供科学依据。该综合化学实验除了学生已掌握的课程知识,还交叉实验动物学,需要教师对应指导教学基本操作。本实验过程主要包含了提取、建模、体内生物指标评价等内容,实验的实施将多学科的基础理论知识点进行有机融合,具有较强的探究性,有助于提高学生的科学核心素养、创新能力及解决分析问题的能力,可为硕士研究生和大学本科生相关化学专业提供重要的实践课程内容,同时也可为中学生开展青少年科技创新课程提供重要的指导意义。同时,本实验的开展可为地方院校新工科专业课程内容建设提供示范案例,也可为教师科研成果转化为实践教学提供重要的途径参考。

9. 参考文献

[1] 倪青,孟祥.高尿酸血症和痛风中医认识与治疗[J].北京中医药,2016,35(6):529-535.

[2] Harris M D,Siegel L B,Alloway J A. Gout and hyperuricemia[J]. Am Fam Physician,1999;59(4):925-934.

[3] Mahbub M H,Yamaguchi N,Takahashi H,et al. Association of plasma

free a mino acids with hyperuricemia in relation to diabetes mellitus, dyslipidemia, hypertension and metabolic syndrome[J]. Sci Rep, 2017, 7(1):17616.

[4] Wang J, Qin T, Chen J, et al. Hyperuricemia and risk of incident hypertension: a systematic review and meta-analysis of observational studies[J]. PLoS One, 2014, 9(12):e114259.

[5] Chang H Y, Tung C W, Lee P H, et al. Hyperuricemia as an independent risk factor of chronic kidney disease in middle-aged and elderly population[J]. Am J Med Sci, 2010, 339(6):509-515.

[6] Huang H, Huang B, Li Y, et al. Uric acid and risk of heart failure: a systematic review and meta-analysis[J]. Eur J Heart Fail, 2014, 16(1):15-24.

[7] 孙珊珊, 曲连悦, 杜荣蓉, 等. 高尿酸血症药物治疗研究进展[J]. 中国临床药理学与治疗学, 2019, 24(5):589-594.

[8] 关灵, 刘碧波, 廖玉婷, 等. 别嘌醇所致严重皮疹与 HLA-B * 5801 等位基因的相关性[J]. 中国现代药物应用, 2016, 10(5):7-8.

[9] 刘慧颖, 崔秀明, 刘迪秋, 等. 显齿蛇葡萄叶的化学成分及药理作用研究进展[J]. 安徽农业科学, 2016, 44(27):135-138.

[10] 冯淳, 张妮, 周大颖, 等. HPLC 测定显齿蛇葡萄叶中 4 种黄酮类化合物的含量[J]. 食品工业科技, 2018, 39(24):240-245.

[11] 李广枝, 卢忠英, 徐敬友, 等. 藤茶二氢杨梅素对小鼠高尿酸血症模型的降尿酸作用[J]. 山地农业生物学报, 2014, 33(4):40-42.

[12] 朱春霞. 虎桂药对有效组分配伍干预高尿酸血症及其肾保护作用机制研究[D]. 广州:广东药科大学, 2018:4-5.

10. 硕士研究生实践教学组织、建议、思考与创新

(1)教学组织　本实验可面向材料与化工工程硕士专业生物化工研究方向的学生开设，共分为 4 组，每组 1～2 人，共 18 学时。实验内容安排如下。

①藤茶提取物的制备(2 学时);

②藤茶主要活性成分二氢杨梅素的分离纯化(2 学时);

③大鼠高尿酸血症模型的建立(4 学时);

④藤茶提取物给药干预对高尿酸血症大鼠 UA、BUN、CRE 浓度及 XOD 活性的影响(6 学时);

⑤藤茶提取物对高尿酸血症大鼠肝脏的影响(4 学时)。

(2)教学建议

①建议学生提前通过文献查阅藤茶活性成分的化学性质、相关结构式和动物

实验建模、给药及相关生化分析的基本理论知识;

②建议学生提前了解藤茶中二氢杨梅素的提取及分离方法;

③建议学生提前了解高尿酸血症、通风的发病机制及中西医临床用药;

④建议学生从尿酸代谢角度讨论高尿酸血症大鼠可能存在哪些异常生理指标,并学习如何通过仪器及试剂盒检测这些生理指标;

⑤建议指导教师引导学生对大鼠高尿酸血症模型建立及给药后生理指标检测内容的设计。

(3)思考与创新

①我国传统中药中还有多种药食同源类降尿酸功能药材,其有效成分和藤茶有何区别?

②XOD 抑制剂是抗高尿酸血症的研究热点,在尿酸合成代谢过程中除了 XOD,还有那些酶参与? 是否可据此开发新的尿酸合成抑制剂?

③研究发现藤茶对高尿酸血症模型大鼠肾功能具有保护机制,从生物分子表达的角度谈谈其作用机制;

④别嘌呤醇是治疗高尿酸血症的常用临床药,其作用机制是什么,为何会产生副作用?

⑤中医药在治疗原发性和继发性高尿酸血症上有何优势,如何在科研上深入挖掘这种优势以发挥中医药更大作用?

11. 本科生课程教学组织、建议、思考与创新

(1)教学组织　本实验可面向新工科专业(应用化学、化工、环境工程及材料工程专业)的高年级(二年级以上)本科学生开设,共分为 6 组,每组 4~5 人,共 12 学时,分别进行以下实验内容。

①藤茶提取物的制备(2 学时);

②藤茶主要活性成分二氢杨梅素的分离纯化(2 学时);

③大鼠高尿酸血症模型的建立(4 学时);

④二氢杨梅素给药干预对高尿酸血症大鼠 UA 浓度及 XOD 活性的影响(4 学时)。

(2)教学建议

①建议学生在实验前一周分组协作,在教师指导下进行大鼠日常饮水、喂食、抚触、抓取等操作;

②建议学生提前了解藤茶中二氢杨梅素的提取及分离方法,提出可能的优化方法并在分组实验中实践;

③建议学生提前了解动物实验建模、给药及相关生化分析的基本理论知识;

④建议指导教师在实践课程讲授中通过实验动物介绍藤茶降尿酸作用的过程及原理；

⑤建议指导教师引导学生对二氢杨梅素分离纯化及生化指标检测实验的操作和内容设计。

（3）思考与创新

①通过水提取和乙醇提取得到的藤茶提取物，其所含成分及含量有何不同？

②从人体内尿酸代谢角度来看，如何通过饮食控制尿酸水平？

③通过试剂盒检测 UA 浓度及 XOD 活性的基本原理什么？

④藤茶水提物的水溶解性差，如何解决配制而成的悬浊液给药剂量不准确问题？

⑤血清制备时选择何种血清管，如何避免血清溶血现象？

12. 中学生课外活动教学组织、建议、思考与创新

（1）教学组织　本实验可面向中学化学（初级和高级中学）学生开设科技创新课外活动课程，指导学生课后开展青少年科学创新活动。实验包括以下内容。

①藤茶提取物的制备；

②藤茶主要活性成分二氢杨梅素的分离纯化；

③二氢杨梅素对体外 XOD 活性的抑制作用。

（2）教学建议

①建议在实验活动前，指导教师给学生介绍实验的原理和目的，注意尽量结合生活案例进行讲解，如高尿酸、痛风、尿酸性肾结石等相关内容；

②建议在进行藤茶中二氢杨梅素分离纯化时，讨论不同浓度纯化溶剂比例对目标物产率的影响；

③建议在学生做实验前，指导教师先进行预实验，了解清楚实验过程中存在关键步骤和要素，并撰写适合中学生实验的设计方案；

④在指导老师的协助下，学生参考教学案例完成体外 XOD 活性的测试实验，学会分析讨论实验数据。

（3）思考与创新

①学生可选用正交设计和响应面方法设计藤茶提取物制备实验，筛选出较优的因素组合，实现提取工艺优化；

②对于市场上销售的降尿酸茶如菊苣栀子茶、玉米须桑叶茶等，如何通过体外实验测试其降尿酸功能？

③人体高尿酸的成因与什么因素有关？可开展实地调研分析，如记录身边患

高尿酸的亲戚或朋友的生活习惯(饮食、作息时间、运动类型及时间等),并加以分析,撰写调研报告和指导意见。

3.4　黄嘌呤氧化酶生物活性抑制评价

3.4.1　概述

黄嘌呤氧化酶(xanthine oxidase,XOD)是一种黄素蛋白酶,普遍存在于动物的肝脏和肾脏,在嘌呤代谢过程中起着关键作用,能够催化次黄嘌呤生成黄嘌呤,并进一步催化黄嘌呤生成尿酸,同时伴随有超氧阴离子的生成。黄嘌呤氧化酶活性异常,会导致尿酸含量升高,从而引发高尿酸血症,引起痛风;另外,伴随产生的超氧阴离子与体内的羟基结合之后会破坏人体细胞中的 DNA,从而破坏人体机能;不仅如此,经研究显示 2 型糖尿病患者和空腹血糖受损的人群体内的黄嘌呤氧化酶活性都要比正常人体内的高,由此我们可以知道黄嘌呤氧化酶活性升高,会导致尿酸升高、尿酸代谢紊乱的同时也会导致糖代谢紊乱。黄嘌呤氧化酶的活性异常会给人体带来严重的危害,因此在日常生活中维持黄嘌呤氧化酶的活性正常是至关重要的。

黄嘌呤氧化酶的结构比较复杂,相对分子质量高达 27 万,含有 2 个钼原子、两分子的 FAD 以及 8 个铁原子,其中的钼原子以钼蝶呤辅因子形式存在,是其活性位点,铁原子参与电子的转移,因此非常多的物质都可抑制黄嘌呤氧化酶的活性。例如,嘧啶、嘌呤以及一些其他的杂环物质会与底物相互竞争从而结合到酶的活性部位,所以称其为竞争性抑制剂;亚砷酸盐、氰化物、甲醇等物质则能与钼原子相互作用,使酶失活钝化。而其他的抑制性物质有磷酸盐、咪唑、钠、氯化钾、苯甲酸盐、硼酸盐、铜、抗坏血酸和二硝基苯酚等,寻找高效的 XOD 抑制剂对实现生物体内降尿酸作用有重要意义。通常在实验室中检测 XOD 活性的方法是使用 XOD 活性免疫检测试剂盒,筛选出的天然小分子与细胞中的 XOD 特异性结合,然后通过紫外光谱检测即可测出黄嘌呤氧化酶的活性。

高尿酸血症是痛风最重要的生化基础,是量变到质变的过程,其产生的主要原因可归咎于:①人体内尿酸生成过多;②尿酸排泄减少。因此,痛风和高尿酸血症可以通过以下两个途径来降低人体内的尿酸含量:一是通过增加尿酸的排泄;二是减少人体内的尿酸产生。这可以通过减少嘧啶或核苷类食品摄入量来达到,临床上是通过使用黄嘌呤氧化酶抑制剂来抑制尿酸生成,减少人体内黄嘌呤氧化酶的活性而实现的。黄嘌呤氧化酶抑制物(XOD),包括别嘌呤醇等可抑制次黄嘌呤氧化酶活性,进而控制次黄嘌呤和黄嘌呤代谢物的产生以及尿酸生成,但当前别嘌呤醇等降尿酸西药的临床副作用很大,会损害人体的肝功能、骨髓,还会造成皮疹、发热、胃肠道反应。因此,对于从天然药物中开发全新的低毒高效黄嘌呤氧化酶抑制剂,有着非常重大的价值。

天然产物来源的黄嘌呤氧化酶抑制剂副作用较低,化学稳定性好,不易产生过敏反应且资源广泛,因此受到了人们的普遍重视,目前在天然药物降尿酸作用方面的研究和发现比较广泛。研究表明,天然药治疗痛风等疾病较西药而言显示出较大的优势,靶点多,副作用少,因而受到越来越多人的关注。在我们的日常生活中存在着许多天然药物,如藤茶、槐米、蒙花苷、青梅等植物中的黄酮类化合物能有效地降低人体内的尿酸含量,对于预防痛风、高尿酸血症起着关键性的作用。因此,研究黄嘌呤氧化酶抑制剂具有重要的意义和价值。

参考文献

[1] 孟祥雪,叶盛开,陈海英,等.黄嘌呤氧化酶抑制剂对 2 型糖尿病肾病合并高尿酸血症患者血管内皮功能的影响[J].安徽医学,2020,41(6):644-648.

[2] 吴芃,王亮,李海涛,等.高尿酸血症模型的建立及降尿酸药物的研究进展[J].中国病理生理杂志,2021,37(7):1283-1294.

[3] 阿娜尔古丽·马合木提,努尔买买提·艾买提.天然药治疗痛风的研究进展[J].中国民族医药杂志,2008(8):45-49.

[4] 马培奇.降尿酸药物研究进展[J].上海医药,2012,33(3):18-20.

3.4.2 基于"酶天然抑制剂"视角下的中药饮片槐米探究性实验设计

1. 科研成果简介

(1)论文名称:天然槐米提取物对黄嘌呤氧化酶活性抑制评价

(2)作者:姚元勇,张萌,陈仕学

(3)发表期刊:待发表

(4)发表单位:铜仁学院

(5)研究图文摘要:

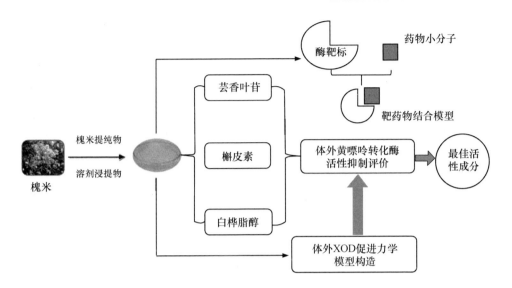

"槐米"为豆科植物槐（*Sophora japonica* L.）的干燥花蕾，采收于夏季，性苦、微寒，归肝、大肠经，在凉血止血和清肝泻火等功效方面表现突出，是药食同源中的代表者之一。近年来，有关槐米药理作用方面的研究报道已得到科技工作者们的高度关注，特别是其提取物在抗氧化、清除自由基、防治高尿酸血症及风湿性关节炎等方面已取得一定的研究成果。另外，在《中国药典》中早已明确天然芸香叶苷成分为中药饮片槐米的主要评价指标，其原因在于槐米中芸香叶苷成分含量较高，占比重的 20%～30%。实验目的：为了探究槐米醇提物药效物质对体外黄嘌呤氧化酶（XOD）活性抑制作用。方法：实验采用体外 XOD 促动力学模型对槐米醇提物及其潜在活性成分芸香叶苷、槲皮素及白桦脂醇进行 XOD 活性抑制评价。与此同时，实验进一步考察了天然成分芸香叶苷热-酸性水解作用对 XOD 活性抑制的影响。实验结果：槐米提取物在药剂浓度 100～700 μg/mL 范围内，对体外 XOD 活性抑制具有良好作用，其最大抑制率可达到 36.68%，与对照药剂别嘌呤醇（90 μg/mL，抑制率 61%）相比较弱。此外，槐米中主要化学成分芸香叶苷、槲皮素及白桦脂醇在一定药剂浓度范围内，芸香叶苷抑制率不明显，槲皮素表现出优异的 XOD 活性抑制作用（抑制率 61.64%，IC_{50} 值为 203.6 μmol/L），白桦脂醇次之。另外，在酸性水解作用的条件下，芸香叶苷酸性水解混合物抑制 XOD 活性作用较热水解作用混合物高，且与作用时间呈正比关系。结论：槐米醇提物对体外 XOD 活性抑制的药效物质可能为槲皮素。

2. 教学案例概述

"酶天然抑制剂"是我国中医药研究发展的重要领域之一。丰富的动植物资源孕育了无尽且结构新颖的天然活性分子，是中国上千年中医药发展的灵魂所在。近年来，"靶-药结合"的学术思想开启了人类追求健康的新征程，成为众多研究者们关注的焦点。本综合性实验基于"靶-药结合"科学研究成果，将槐米药效物质对体外黄嘌呤氧化酶（XOD）活性抑制评价研究转化为以探究性实验教学为主的综合性实验课程。该综合性实验课程融合了有机化学、生物化学、分析化学及药理学等多学科内容，弥补了单一验证性实验课程的不足，可有效地促使化学、生物和药学相关专业学生对多知识体系的掌握，提升学生对我国中医药科研创新的兴趣。另外，本综合性实验课程结合人体胃肠道作用，模拟了在酸性环境中胃蠕动作用对潜在药物活性成分的影响，具有一定的研究意义。因此，本探究性实验课程内容设计丰富，可满足不同层次的学生进行学习，符合大、中学生课外科技活动课程的要求。

3. 实验目的

(1)了解药食同源——槐米在中医药领域的药理作用；

(2)了解黄嘌呤氧化酶在人体代谢过程中的作用地位及与相关疾病发生的联系；

(3)熟悉槐米中主要化学成分和人体胃肠道微环境；

(4)掌握芸香叶苷提取纯化工艺和体外黄嘌呤氧化酶促动力学模型的构建；

(5)重点掌握体外黄嘌呤氧化酶活性评价方法和数据处理分析。

4. 实验原理与技术路线

本综合性实验原理基于"靶-药结合"的学术思想，考察槐米中主要药效成分对黄嘌呤氧化酶活性的抑制作用。首先，采用溶剂浸提法对槐米药效物质进行提取；其次，对制备获得的槐米浸膏进行分离纯化，获得槐米中主要化学成分——芸香叶苷；再次，构建体外 XOD 促动力学模型；最后，将待测试样品进行体外 XOD 活性抑制评价。实验模型和技术路线见图 3-24 和图 3-25，学生可根据此实验技术路线进行实验方案制作和实施。

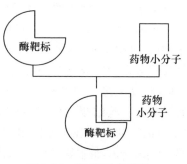

图 3-24　靶-药结合模型

5. 实验试剂与仪器

(1)实验试剂　槐米（中药饮片，采购于京东商城），黄嘌呤氧化酶（xanthine oxidase，XOD），黄嘌呤（xanthine，Xan），别嘌呤醇（allopurinol，All），焦磷酸钠缓冲溶液（0.1 mol/L，准确称量焦磷酸钠 5.318 g、EDTA 0.0175 g，超声溶解于纯净

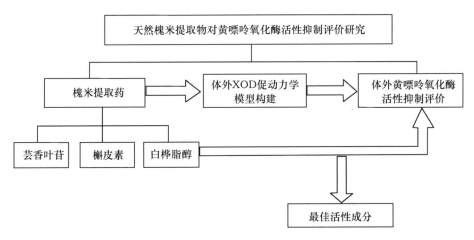

图 3-25　技术路线

水,定容至 200 mL,并用磷酸调 pH 为 7.5),1‰盐酸溶液(自制),NaOH,EDTA,磷酸,槲皮素,芸香叶苷,白桦脂醇,蔗糖,无水乙醇等以上试剂均为分析级,实验分析用水均为娃哈哈纯净水。

(2)实验仪器　UV-Vis(上海棱光技术有限公司,759S),超声清洗仪(上海易净,YQ-020A),电子天平(上海恒平仪器有限公司,FA124),N-1210BV-WB 型旋转蒸发仪(日本东京理化器械株式会社),恒温水浴锅(江苏新春兰科学仪器有限公司,HH-M8),真空冷冻干燥机(上海继谱电子科技有限公司,FD-2C-80),涡流混合器[冠森生物科技(上海)有限公司,XH-D]。

6. 实验步骤

(1)槐米提取物的制备　称取槐米粉末 90.0 g 于 1000 mL 烧杯中,加入适量无水乙醇(500 mL),室温浸泡 24 h,过滤,滤渣继续浸泡 1 次(12 h),过滤,合并滤液,真空浓缩至无溶剂状态,然后经冷冻干燥 24 h,可获得实验样品槐米提取物 A。

(2)天然芸香叶苷的提取分离及纯化　取获得的槐米提取物 A 10.0 g,依次采用石油醚和乙酸乙酯混合试剂(V_1/V_2=10∶1 至 1∶1)进行超声洗涤至混合试剂近无色状态,离心分离,收集固体,冷冻干燥,然后,将固体进行水重结晶(2 次),过滤,干燥,即获得淡黄色固体粉末芸香叶苷,收率为 19.8%。

(3)芸香叶苷酸水解及其混合物制备　称取 0.0043 g 芸香叶苷(自制)分别置于 5 mL EP 离心管,加入盐酸水混合液(1 mL,pH 为 2~3),配制成不同浓度(62.5、125、187.5、250、375、500、625、750 μmol/L)的水溶液,恒温水浴(50 ℃)

3 h,随后,用1‰NaoH水溶液调节pH至5～6,经冷冻干燥,制备获得不同作用时间的待测样品。

（4）体外XOD促动力学模型构建　向0.1 mol/L焦磷酸钠缓冲溶液（0.4 mL, pH 7.5）中加入1.0 mmol/L的Xan溶液（1.0 mL）,并加入100 mU/mL的XOD溶液（1.6 mL）,涡流振荡混匀。随后,将反应体系置于（35±2）℃的水浴中恒温15 min。采用UV-Vis定波长（294 nm）光度扫描,记录对应的光度值$\Delta A_{0,294}$（注：参比液为2 mL缓冲液＋1 mL 1.0 mmol/L的Xan溶液）。

（5）体外XOD活性抑制测试　按照上述体外XOD促动力学模型建立步骤,将待测试样品溶液（0.4 mL）、1.0 mmol/L的Xan溶液（1.0 mL）和0.01 mg/mL的XOD溶液（1.6 mL）依次加入反应试管中,混匀,并恒温（35±2）℃水浴15 min,记录294 nm处的吸光度值$\Delta A_{1,294}$。以下列公式计算待测样所对应的抑制率（注：参比液为0.4 mL的各浓度待测液＋1.6 mL的缓冲液＋1 mL 1.0 mmol/L的Xan溶液）。

$$抑制率=\frac{\Delta A_{0,294}-\Delta A_{1,294}}{\Delta A_{0,294}}\times100\%$$

注：$\Delta A_{0,294}$为未加入抑制剂,294 nm处的吸光度值；$\Delta A_{1,294}$为加入抑制剂,294 nm处的吸光度值。

7. 结果与讨论

（1）槐米提取物对体外XOD活性抑制影响　实验开始前,指导教师需对学生明确实验目的,即为了进一步研究传统中药饮片槐米中潜在活性成分在高尿酸血症治疗方面的药理药效和作用机制。同时,指导教师还需引导学生思考如何评价中药中活性物质成分的活性,即选取目前临床上有效的药物靶点——黄嘌呤氧化酶（XOD）作为靶-药结合研究对象,并构建体外XOD促动力学模型。实验结束后,学生需在指导教师的帮助下或指导下进行实验数据的处理和分析,如图3-26所示,当槐米提取物A药剂浓度在10～90 μg/mL范围内,体外XOD活性抑制作用相比对照药剂别嘌呤醇（All）,在相同药剂浓度条件下,呈现出较大差异性。为此,实验进一步考察了槐米提取物A在较高药剂浓度范围内对体外XOD生物活性的影响。实验结果显示,随着药剂浓度从100 μg/mL递增至700 μg/mL,槐米提取物A对体外XOD活性抑制率与其浓度呈良好依赖性,且最大抑制率为36.68%,但仍小于对照药剂别嘌呤醇（All）对XOD活性的抑制作用。由此说明,槐米提取物A中可能存在具有潜在的生物活性物质,可有效地抑制XOD生物活性。

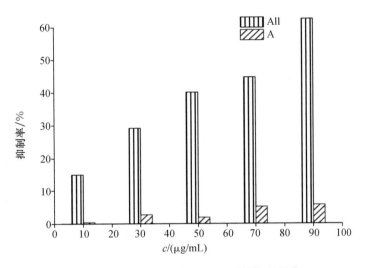

图 3-26 槐米提取物体外 XOD 活性抑制评价

(2)潜在活性成分评价及构效关系分析 在讨论构效关系方面,首先指导教师应引导学生对槐米中已知化学成分进行文献检索,并获知化学成分分子结构及相关物理化学性质,如经相关槐米化学成分研究文献报道获知,芸香叶苷、槲皮素、白桦脂醇、槐花二醇以及槐花米甲、乙、丙素和槐花皂苷Ⅰ、Ⅱ、Ⅲ等为槐米中的已知化学成分,且芸香叶苷、槲皮素、白桦脂醇易溶于乙醇,槲皮素水溶液显弱酸性等。然后,指导教师讲解槐米在人们生活中的使用方法——水煎煮为主。根据传统使用方法,可联想到乙醇和水具有相似的性质,均为极性质子性溶剂。因此,实验可选取易溶于乙醇的化学成分——芸香叶苷、槲皮素、白桦脂醇为研究对象,分子结构如图 3-27 所示。

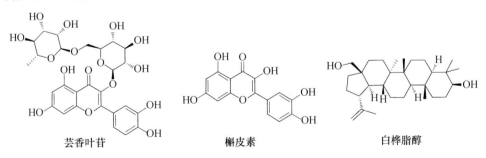

芸香叶苷　　　　　　　　槲皮素　　　　　　　　白桦脂醇

图 3-27 潜在活性成分结构式

芸香叶苷又名芦丁，为天然黄酮苷类化合物，是黄酮醇与二元糖以糖苷键结合而成的天然化合物，待测样品芸香叶苷在药剂浓度为 $62.5 \sim 750~\mu mol/L$ 范围内，可明显观察到芸香叶苷对体外 XOD 活性抑制作用不显著，与药剂浓度无相关依赖性，且抑制率低于 5%，如图 3-28(a)所示。该实验结果与槐米提取物 A 对体外 XOD 活性抑制作用相差较大。天然白桦脂醇，属于五环三萜类化合物，拥有多个手性碳，是萜类手性化合物的代表之一。为了考察槐米中化学成分——白桦脂醇对 XOD 活性作用影响，实验采用体外 XOD 促动力学模型对天然白桦脂醇进行生物活性评价及量效关系分析。实验结果显示，随着白桦脂醇药剂浓度在 $62.5 \sim 625~\mu mol/L$ 范围内递增，UV 光谱图中呈现的 294 nm 处吸光度值变化影响较为明显，并与药剂浓度呈一定的线性关系，但最大抑制率也未超过 30%，仍然低于在相同条件下槐米提取物 A 对体外 XOD 活性抑制效果，如图 3-28(b)所示。由此可以说明天然白桦脂醇是槐米提取物 A 中的有效抑制成分之一。另外，针对槐米提取物中黄酮醇类化合物——槲皮素而言，实验采用与上述相同的体外活性评价方法，对天然槲皮素成分进行体外 XOD 活性抑制评估。实验结果表明：在不同浓度的待测药剂（62.5、125、187.5、250、375、500、625、750 $\mu mol/L$）范围内，槲皮素对体外 XOD 活性作用表现出良好的抑制效果，特别是在药剂浓度为 $62.5 \sim 250~\mu mol/L$ 区间内，槲皮素对体外 XOD 活性抑制作用与药剂浓度呈现良好的依赖性，随着药剂浓度的继续增加，其对应的抑制率可明显地观察到趋近于最大值（61.64%，IC_{50} 值为 203.6 $\mu mol/L$），如图 3-28(c 和 d)所示，由此说明，槲皮素可能为槐米提取物 A 中主要的有效抑制活性成分。

(3)槐米煎煮过程对 XOD 活性抑制的影响　另外，从上述实验获知，槐米提取物 A 中有效抑制活性成分可能分别为槲皮素和白桦脂醇。槲皮素是一种富电子体系的多酚类化合物，可充当较强的天然还原剂，与天然成分芸香叶苷分子结构比对分析可知，芸香叶苷是一个槲皮素和二元糖以糖苷键形式链接组成的黄酮苷类化合物。从化学反应角度分析可知，芸香叶苷中的糖苷键在热-酸性环境中易发生断键，形成槲皮素和二元糖。此外，相关研究报道发现，芸香叶苷成分在槐米中的含量较高，约占 30%，是槐米中的主要化学成分。由此可知，如果芸香叶苷成分在一定的条件下转化为槲皮素，在药理方面可能会有效地提升槐米提取物 A 对 XOD 活性的药用价值。此外，值得一提的是，传统中药药剂制备方式——热水煎煮过程可能会促使槐米中的主要成分芸香叶苷分子结构水解，生成槲皮素和糖原。为此，实验称取一定量的中药饮片——槐米，并模拟其水煎煮过程，煎煮 3 h 后，过滤，汤剂经冷冻干燥，可获得待测样品 B 即槐米水提物。随后，实验将待测样品 B 在体外 XOD 促动力学模型中进行 XOD 活性测试，实验结果表明，如图 3-29(a)所示，

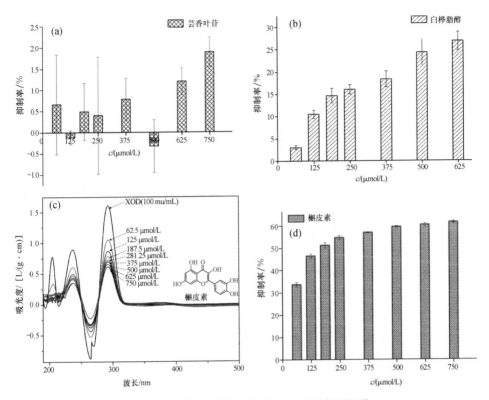

图 3-28 天然活性成分对体外 XOD 活性抑制评价

在药剂浓度 $100\sim700\ \mu g/mL$ 范围内，待测样品 B 对 XOD 活性的抑制率相比槐米提取物 A 而言，表现出一定的增效作用。为了进一步验证实验提出的观点，实验称取一定量的芸香叶苷配制成不同浓度（62.5、125、187.5、250、375、500、625、750 $\mu mol/L$）的水溶液，回流 3 h，冷却至室温，并采用体外 XOD 促动力学模型对待测样品 B 进行 XOD 活性测试，实验结果与芸香叶苷（未经回流处理）的 XOD 活性作用相比，回流后芸香叶苷溶液与相同浓度未经回流处理的芸香叶苷溶液对体外 XOD 活性抑制作用的差异性不显著，且未能表现出较强的增效作用，如图 3-29(a)所示。这说明热水回流过程对芸香叶苷分子结构影响不大，可能未造成其糖苷键的水解。另外，实验再次考察了不同浓度的芸香叶苷在弱酸性（柠檬酸，pH 为 5～6）溶液中回流过程的行为变化，经 3 h 回流后，获得相对应的待测样品 C。在对待测样品 C 活性评价方面，待测样品 C 对体外 XOD 活性抑制作用与芸香叶苷（回流或回流处理）对比呈现较好的正面响应值，且十分显著，如图 3-29(b)所示，这说明弱酸性热水条件有助于芸香叶苷分子结构中的糖苷键水解。

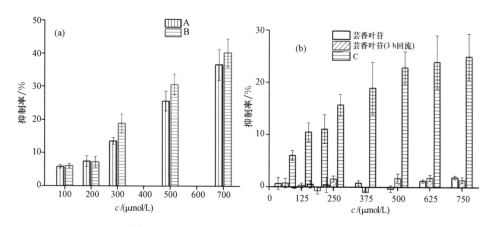

图 3-29　槐米提取物、芸香叶苷及其水解产物对 XOD 活性抑制影响

综上所述,槐米经水煎煮后对 XOD 活性抑制表现出的一定程度增效作用,其原因可能为槐米中存在的酸性成分在热水煎煮过程中促使芸香叶苷分子结构中的糖苷键水解,转化为槲皮素,从而提高了待测样品 B 中槲皮素含量的占比,表现出较好的 XOD 活性抑制作用。

(4)酸性蠕动作用过程对芸香叶苷的影响　传统中药饮片服用方式主要是以水煮泡为主,其汤汁以口服饮之,经胃肠作用进入血液循环,后作用于病灶。然而,人体胃肠道酸性蠕动作用过程往往是药剂中有效成分吸收的主要途径。因此,实验采用恒温水浴溶出仪,模拟芸香叶苷在酸性胃液蠕动作用下的变化,如图 3-30 所示。即取一定量的芸香叶苷置于 pH 为 2～3 的酸性溶液中,恒温 35 ℃,振荡作用不同时间,并配制成药剂浓度为 750 μmol/L(以芸香叶苷浓度为准)的待测样品 D。当芸香叶苷在酸性溶液中振荡作用 2 h 时,其抑制率略高于相同药剂浓度(750 μmol/L)的芸香叶苷(未参加酸性溶液中振荡作用);随着酸性溶液中振荡作用时间延长,其对应的抑制率也呈递增趋势;在作用时间为 24 h 时,其对应抑制率可达到 40.6%,但仍低于相同药剂浓度的槲皮素(750 μmol/L,抑制率 61.2%),说明芸香叶苷在酸性溶液中振荡作用 24 h 时可能未完全转化为槲皮素。

以上实验结果验证了槐米中主要化学成分芸香叶苷在人体或动物胃肠道作用过程中可能会被分解为具有相对高效的 XOD 活性抑制成分——槲皮素,从而提升了槐米在高尿酸血症方面应用的可行性。同时,该结果与文献报道有关槐米提取物对高尿酸血症小鼠降尿酸作用的有效性一致,进一步说明了中药饮片槐米治疗高尿酸血症的潜在活性成分可能与槲皮素有关。

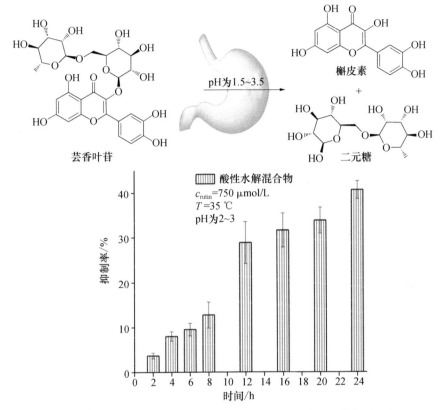

图 3-30 槲皮素和芸香叶苷酸性水解混合物对 XOD 活性抑制作用

8. 结论

本综合性实验是基于"靶-药结合"科学研究思想,以槐米主要药效物质(芸香叶苷、槲皮素和白桦脂醇)为研究对象,经体外黄嘌呤氧化酶(XOD)生物活性抑制评价研究转化为以探究性实验教学为主的综合性实验课程。实验属于中西医结合领域的基础应用性研究,融合了化学、生物化学、中药学和统计学等多学科知识体系,有助于学生在实践中进行知识内容的整合。本实验过程主要包含了中药提取、主要成分提取分离、体外酶生物活性评价等内容,可有效地提升药学相关专业和具有化学背景相关学生的科学核心素养、创新能力及解决分析问题的能力。此类探究性实验的开展,可引导学生了解中医药研究的前沿知识,提高学生的实验技能和科学素养。本实验的开展可为地方院校新工科专业课程内容建设提供示范案例,也可为教师科研成果转化为实践教学提供重要的途径参考。

9. 参考文献

［1］国家药典委员会. 中华人民共和国药典(一部)(2010 年版)(精)［S］. 北京:中国医药科技出版社,2020.

［2］沈密,马存林,梁少华,等. 槐米提取物的抗氧化性能研究［J］. 河南工业大学学报(自然科学版),2012,33(6):1325-1326.

［3］郭亚力,李聪,欧灵澄,等. 槐米中天然抗氧化剂的提取及其抗自由基性能研究［J］. 食品科学,2004,25(7):154-157.

［4］安茹. 槐米中槲皮素的提取及其对高尿酸血症的影响［D］. 天津:天津科技大学,2010.

［5］栾仲秋,向月,李秋红,等. 槐米提取物对类风湿关节炎大鼠 Th17/Treg 细胞平衡的调节作用［J］. 中国医药导报,2019,16(20):25-28.

［6］李振志,朱华,谢锋,等. 不同产地槐米中芦丁的含量测定［J］. 世界中医药,2013,8(8):952-954.

［7］刘丽丽,王涛,李晓霞,等. 槐米化学成分研究Ⅱ［J］. 辽宁中医药大学学报,2014,33(7):51-53.

［8］刘丽丽,李晓霞,陈玥,等. 槐米化学成分研究Ⅰ［J］. 天津中医药大学学报,2014,33(4):230-233.

［9］姚元勇,石宝国,陈仕学,等. 碱性水溶液条件下二氢杨梅素合成杨梅素作用机制研究［J］. 分子科学学报,2019,35(1):62-70.

［10］姚元勇,王云洋,何来斌,等. 藤茶中抗氧化成分——二氢杨梅素在碱性溶液中的自氧化作用机理［J］. 化学试剂,2020,42(3):295-300.

［11］Yao Y,Zhang M,He L,et al. Evaluation of general synthesis procedures for bioflavonoid-metal complexes in air-saturated alkaline solutions ［J］. Front Chem,2020,8:589-600.

［12］Yao Y,Chen S,Li H. An improved system to evaluate superoxide-scavenging effects of bioflavonoids ［J］. Chemistry Open,2021,10(4):503-514.

10. 硕士研究生实践教学组织、建议、思考与创新

(1)教学组织　本实验可面向材料与化工工程硕士专业生物化工研究方向的学生开设,共分为 4 组,每组 1~2 人,共 18 学时。实验内容安排如下。

①槐米提取物的制备(2 学时);

②芸香叶苷的分离提纯(2 学时);

③体外 XOD 生物活性的测试(2 学时);

④模拟槐米煎煮水提物对体外 XOD 生物活性影响(6 学时);

⑤模拟肠胃酸性蠕动作用过程对芸香叶苷的影响(6 学时)。

(2)教学建议

①建议学生提前查阅槐米中已知化学成分、相关结构式和生物酶 XOD 的活性位点;

②建议学生提前了解芸香叶苷的提取、分离及鉴定方法;

③建议学生讨论影响生物酶的因素,并结合酶催化反应分析可能存在的结合位点;

④建议学生讨论分析芸香叶苷在酸性环境中转化为槲皮素的路径和影响因素;

⑤建议指导教师引导学生对潜在活性成分体外生物酶活性测试内容进行设计。

(3)思考与创新

①槐米、槐花在化学成分上的差异性,如种类和含量;

②芸香叶苷和槲皮素在体外 XOD 生物活性上的差异性可能是什么因素导致的?

③槲皮素与酶相结合后,如何确定它们的结合方式和结合位点?

④槲皮素其他类似物是否具有相同生物活性?

⑤槲皮素与 XOD 结合是怎么实现酶活性抑制的?

11. **本科生课程教学组织、建议、思考与创新**

(1)教学组织 本实验可面向新工科专业(应用化学、化工、环境工程及材料工程专业)的高年级(二年级以上)本科学生开设,共分为 4 组,每组 4～5 人,共 12 学时,分别进行如下实验内容。

①槐米提取物的制备(4 学时);

②芸香叶苷的分离提纯(4 学时);

③体外 XOD 生物活性的测试(4 学时)。

(2)教学建议

①建议学生分组协助完成;

②建议采用不同溶剂制备不同类的槐米提取物,如水、甲醇、乙醇、异丙醇、乙酸乙酯、二氯甲烷及乙醚等溶剂;

③建议指导教师在实践课前介绍槐米在《中华人民共和国药典》中的内容,在实践课堂讲授时应介绍影响生物酶活性的因素,并给出 XOD 催化反应原理及活性评价方法;

④建议指导教师给出评价体外 XOD 生物活性的计算公式。

（3）思考与创新

①在制备不同溶剂的槐米提取物时,如何处理提取过程中溶剂的脱溶问题?

②如何确保因浸提剂沸点较低造成的溶剂损失现象?

③如何评价体外酶生物活性测试数据的有效性?

④体外酶生物活性的高低可能与潜在活性成分的什么因素有关?

⑤体外 XOD 生物活性最佳的条件怎么确定和选择?

12. 中学生课外活动教学组织、建议、思考与创新

（1）教学组织　本实验可面向中学(初级和高级中学)学生开设科技创新课外活动课程,指导学生课后开展青少年科学创新活动。实验包括以下内容。

①不同溶剂槐米提取物的制备;

②芸香叶苷的分离提纯;

③体外 XOD 生物活性的测试。

（2）教学建议

①建议在实验活动前,指导教师给学生介绍实验的原理和目的,尽量结合生活案例进行讲解,如高尿酸、痛风等相关内容;

②建议在进行槐米提取物制备时,讨论和比较同种溶剂不同提取方式对槐米提取物含量的影响,如常温浸提提取、回流浸提、索氏提取、超声提取等;

③建议在学生做实验前,指导教师先进行预实验,了解清楚实验过程中的关键步骤和要素,并撰写适合中学生实验的设计方案;

④在指导老师的协助下,学生参考教学案例完成体外 XOD 生物活性测试,计算其对应的抑制率并进行讨论,分析可能存在的原因。

（3）思考与创新

①学生可选用正交设计和响应面方法设计槐米提取物制备实验,筛选出较优的因素组合,实现槐米提取物工艺优化;

②槐米作为药食同源的代表之一,与其类似的物质是否也具有相同或更加优异的生物活性?

③人体高尿酸的成因与什么因素有关,可开展实地调研分析,如记录身边患高尿酸的亲戚或朋友的生活习惯(饮食、作息时间、运动类型及时间等),并加以分析,撰写调研报告和指导意见。

第4章　生物资源综合利用与研究

4.1　概述

　　生物资源是自然资源中的有机组成部分,是对人类具有直接、间接或潜在的经济、科研价值的有机体。它包括基因、物种以及生态系统3个层次。从研究和利用的角度看,生物资源通常分为森林资源、草场资源、栽培资源、水产资源、驯化动物资源、野生动植物资源、遗传基因资源,等等。中国是生物多样性最丰富的国家之一,有3万多种高等植物,6347种脊椎动物和599类陆生生态系统类型。其中生物特有属种比例大,动植物区系起源古老,珍稀物种众多,从而提供了大量可资利用的生物资源。生物资源对人类的衣食住行都至关重要。生物资源也是一种遗传资源,一种生物群体,一种生态系统中任何其他生物的组成部分,它或具有实际的用途,或具有潜在的用途,能够在适宜的条件下进行繁衍和再生,属于可再生性自然资源,是大自然给予人类最宝贵的财富。

　　随着社会的发展,各种资源被大量开采、不合理利用,传统资源存储量出现了严重短缺,如何开发新能源资源成为全球共同面对的问题。进入21世纪,国家能源安全的保障、生态环境的改善、现代农业内涵和功能的拓展、农村经济的发展、农民收入的增加等战略问题日渐突出,人们开始追寻借助生物质资源循环利用并合理转化来缓解能源不足的现状,加之生物质资源具有储量大、分布广、易再生、环境友好等诸多优点,对其开发利用受到了前所未有的关注。同时,在现有植物资源收集、保护和研究的基础上,重点由资源收集保护转向有用资源的发掘和可持续利用,为深入开展新型资源植物的筛选、发掘、评价和开发利用等方面的科研工作提供实验平台,以满足我国生物高新技术产业发展、工业能源植物资源开发、农业产业结构调整对植物基础资源和研发技术日益增长的需求。生物资源同时为人类提供了大量的药物,除传统的上万种中药材外,用现代生物和化学技术提取的治疗疟疾的新药青蒿素、蒿甲醚,治疗冠心病的丹参多酚酸盐,抗早老性痴呆病的石杉碱甲无一不来自植物。同样人们将治疗癌症的希望也寄托于自然界多种多样的生物资源上。生物资源也是传统工业生产的重要支柱,伴随着化石能源的短缺,新兴的工业生物技术更是以纤维素等广泛的生物资源为主要原料,以利用和改造多种微生物的代谢系统为主要技术手段进行生物加工。随着科技进步和社会发展,人们开始意识到生物资源早已和人类自身的安危紧紧联系在一起,保存生物资源,避免生态灾难是我们共同的目标。

参考文献

[1] 阿米娜·依敏.刍议我国生物资源的现状及解决措施[J].经营管理者,2010(6):127-127.

[2] 赵振勇,田长彦,张科,等.盐碱地生物改良与盐生植物资源综合利用[J].高科技与产业化,2020(9):64-66.

4.2 生物资源综合利用与研究科研成果转化教学案例

4.2.1 "天然抗氧化成分"——二氢杨梅素在碱性溶液中的自氧化作用探究性实验设计

1. 科研成果简介

(1)论文名称:藤茶中抗氧化成分——二氢杨梅素在碱性溶液中的自氧化作用机理

(2)作者:姚元勇,王云洋,何来斌,等

(3)发表期刊及时间:化学试剂,2020 年,北大中文核心期刊

(4)发表单位:铜仁学院

(5)基金资助:贵州省教育厅创新群体重大研究项目[黔教合 KY 字(2018)033];贵州省高层次创新型人才项目[2017-(2015)-015]

(6)研究图文摘要:

　　显齿蛇葡萄(*Ampelopsis grossedentata*),属木质藤本,为葡萄科蛇葡萄属,是贵州省梵净山区域特色的食药用植物资源之一。生鲜显齿蛇葡萄叶经生产加工后,又名藤茶,富含多样的多酚类化合物,是目前为止发现的多酚类化合物含量最高的植物,主要分布在贵州铜仁、湖北恩施、湖南湘西等区域,同时,被贵州铜仁市作为特色食用资源。二氢杨梅素作为一种天然手性黄酮醇类化合物,是藤茶中天然黄酮类化合物的重要代表之一,其广泛地存在于植物体内,特别是叶、果实及嫩茎中,含量可高达25%。实验目的:为了进一步研究具有优异抗氧化能力的天然药物——二氢杨梅素,在碱性溶液中结构不稳定性原因及自氧化作用机制。方法:实验分别采用了 HPLC 色谱法、^{1}H-NMR、^{13}C-NMR、ESI-Ms 及电子顺磁共振(EPR)技术,对二氢杨梅素在不同碱性环境中的行为变化进行研究。结论:首先,二氢杨梅素分别在相同条件下,不同碱性的缓冲溶液(buffer:PBS,pH=7.4;Tris-HCl,pH=8.5;Borax-NaOH,pH=9.4)中,室温搅拌,均发现有杨梅素成分生成,并经[1]H-NMR、^{13}C-NMR 和 ESI-Ms 技术进行结构表征确认。其次,分别向等量的二氢杨梅素不同缓冲溶液(buffer:PBS,pH=7.4;Tris-HCl,pH=8.5;Borax-NaOH,pH=9.4)中,加入 DMPO 自由基捕获剂,经电子顺磁共振(EPR)技术,均能检测到 DMPO-$O_2^{\cdot-}$ 加合物的特征峰存在,且强度不同。相反,在氮气的条件下,其 DMPO-$O_2^{\cdot-}$ 加合物的特征峰强度大幅度降低。该实验结果充分地证明二氢杨梅素在有氧且碱性溶液中,会导致自身分子结构不稳定,而产生超氧阴离子自由基的作用机制。

2. 教学案例概述

"天然抗氧化成分"是一种能够抵御体内氧化应激能力的天然活性成分，也是人体新陈代谢过程中不可缺少的功能性成分，其主要来源于我们日常的生活饮食，如蔬菜、水果和谷物等。大量研究表明，蔬菜、水果及谷物中富含多种多样的天然活性物质，如天然黄酮类物质、多酚类物质及维生素等，具有一定的自由基清除能力或抵抗氧化物质对机体损伤作用能力。近年来，对氧化应激研究内容的深入和扩展，吸引了众多研究者对天然抗氧化成分的关注和青睐。本教学实验设计是基于课题组前期报道的基础科学研究成果——《藤茶中抗氧化成分——二氢杨梅素在碱性溶液中的自氧化作用机理》，同时融合了实践课程教学环节等特点，将天然二氢黄酮醇化合物——二氢杨梅素作为研究对象，设计如何探究二氢杨梅素在弱碱性溶液中自氧化作用的原理。

二氢杨梅素作为一种天然手性黄酮醇类化合物，主要来源于显齿葡萄科藤本植物，特别是嫩茎叶，含量可高达 25%，且具有广泛的生物活性，如抑菌作用、抑制腺癌细胞增殖作用、保肝降血脂及抗氧化作用等。近年来，有关二氢杨梅素在酸碱性环境中的稳定性研究已有报道，如 2004 年和 2007 年，相关研究者报道了二氢杨梅素溶液在酸性（pH 为 2.0~3.5 或 pH< 4）条件下，稳定性较好；在中性（pH 为 7）和碱性（pH> 9）条件下，稳定性较差，二氢杨梅素溶液会变黄，其分子构型可能发生变化。然而，对于以上现象或事实的合理分析及解释，目前尚未得到证实。

因此，该实验课程将有机化学、分析化学、方法学等学科内容进行交叉，形成了具有一定综合性的实践课程。该课程符合各层次化学相关专业学生的培养要求，对培养学生的科学核心素养具有较好的支撑作用。

3. 实验目的

（1）了解地方特色资源——藤茶的分布及其主要活性成分；

（2）了解天然黄酮类化合物——二氢杨梅素分子结构与其化学性质之间的联系；

（3）熟悉影响二氢杨梅素不稳定的因素；

（4）掌握高效液相色谱（HPLC）和电子顺磁共振波谱仪（EPR）的工作原理和操作方法；

（5）重点掌握如何设计探讨二氢杨梅素稳定性因素的实验方法。

4. 实验原理与技术路线

本综合性实验原理是基于"酸碱理论反应"的学术思想，考察藤茶中主要药效成分——二氢杨梅素,作为弱酸性二氢黄酮醇类化合物,在碱性环境中不稳定的原因及其分子结构变化。实验技术路线如图4-1所示。首先,采用溶剂浸提法对藤茶中主要成分——二氢杨梅素进行提取、分离、纯化;其次,探讨二氢杨梅素在不同弱碱性条件下的作用影响;再次,检测二氢杨梅素在碱性含氧溶液中的生成物;最后,将数据综合分析,给出合理的化学分析作用机制。

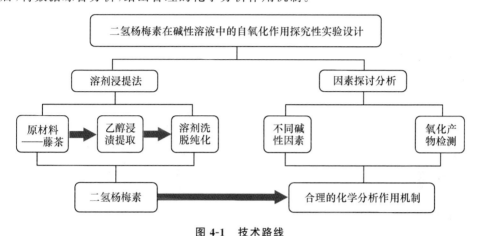

图 4-1　技术路线

5. 实验试剂与仪器

(1)实验仪器　实验仪器见表4-1。

表 4-1　实验仪器

实验仪器	规格型号	生产厂家
电子顺磁共振波谱仪	布鲁克 A300,	布鲁克(北京)科技有限公司
高效液相色谱仪	岛津 LC20AT,	日本岛津仪器有限公司
核磁共振仪	JEOLECX-500MHz,DMSO-D6 为溶剂,TMS 为内标	日本东京理化器械株式会社
磁力搅拌器	/	郑州长城科工贸有限公司
旋转蒸发仪	/	日本东京理化器械株式会社

(2)实验试剂　实验试剂见表4-2。

表 4-2　实验试剂

实验仪器	生产厂家
甲醇(色谱纯)	—
乙腈(色谱纯)	—
磷酸(色谱纯)	—
0.1%的稀盐酸溶液	自制
冰醋酸(分析级)	—
石油醚(分析级)	—
乙酸乙酯(分析级)	—
二次蒸馏水	自制
藤茶	铜仁学院自主引种栽培
二氢杨梅素	铜仁学院天然产物课题组自制,纯度>98%
杨梅素	上海麦克林生化科技股份有限公司
二氢杨梅素标准品	上海麦克林生化科技股份有限公司
DMPO(5,5-二甲基-1-吡咯啉-N-氧化物)	上海阿拉丁生化科技股份有限公司
PBS(pH=7.4)	—
Tris-HCl 缓冲溶液(pH=8.5)	—
Borax-NaOH 缓冲液(pH=9.4)	—
薄层层析用硅胶 GF254	青岛海洋化工有限公司
快速柱层析用 48~75 μm 硅胶	青岛海洋化工有限公司

6. 实验步骤

(1)藤茶中二氢杨梅素的提取纯化　第一步,实验指导教师给学生介绍藤茶的基本情况,如藤茶的化学成分及它们的物理化学性质。第二步,带领学生认知藤茶在生活中的使用情况。第三步,根据藤茶中二氢杨梅素的溶解性,选取合适的有机溶剂。第四步,实施二氢杨梅素的提取及纯化,具体实验操作:①提取。采集 1~2 kg 的新鲜藤茶叶,60 ℃左右烘干,并浸渍于 1 L 工业乙醇溶剂中过夜,过滤,滤液经减压脱溶,获得墨绿色的浸膏,约 200 g。②纯化。取一定量的浸膏,与柱层硅胶拌样,采用柱层析法梯度洗脱分离(石油醚/乙酸乙酯=10/1 至 1/1,V/V),获得白色粉末二氢杨梅素。

(2)二氢杨梅素在(弱)碱性条件下的作用变化 第一步,向装有磁力搅拌子的圆底烧瓶 A、B、C 及对照组中分别加入二氢杨梅素(0.1010 g),并滴加 0.5 mL 甲醇,搅拌将其溶解;第二步,分别取已配制的不同 pH 缓冲溶液(buffer:PBS,pH=7.4;Tris-HCl,pH =8.5;Borax-NaOH,pH=9.4)5 mL;第三步,将不同 pH 缓冲溶液分别转移至装有二氢杨梅素甲醇溶液的烧瓶 A、B 及 C 中,室温搅拌 60 min,反应过程中,定时取样,并通过 HPLC 进行成分跟踪分析。

(3)HPLC 分析检测及标准曲线绘制 指导教师应在学生对仪器分析理论学习基础上,给学生介绍高效液相色谱仪的基本构造及相关分析检测注意事项,随后,给学生进行示范操作。同时,明确实验的目的——采用高效液相色谱仪(HPLC)对二氢杨梅素在不同碱性条件下的行为变化进行观察。①色谱条件。Hypersil BDS C18 柱(4.6 nm×200 nm,5 nm)。②流动相。乙腈/0.1%磷酸水溶液(24/76,V/V)。③流速。1 mL/min,④柱温。25 ℃。⑤检测波长。254 nm。⑥进样体积。20 μL。

(4)二氢杨梅素标准曲线制作 第一步,指导学生精密称取样品操作——称取二氢杨梅素标准品(纯度≥98%)10 mg;第二步,将称量好的二氢杨梅素溶于少量的色谱甲醇溶液中,定容 1 mL,配成 10 mg/mL 的标准品储备液;第三步,采用移液枪分别吸取 20 μL、40 μL、60 μL、80 μL、100 μL 二氢杨梅素标准品储备液,稀释至浓度分别为 0.2 mg/mL、0.4 mg/mL、0.6 mg/mL、0.8 mg/mL、1.0 mg/mL 的标准系列。

绘制标准曲线:分别将 0.2 mg/mL、0.4 mg/mL、0.6 mg/mL、0.8 mg/mL、1.0 mg/mL 的杨梅素标准溶液,用 0.45 μm 滤膜过滤,自动进样器进样 5 μL,测得二氢杨梅素对应的峰面积,以峰面积 f(x)、自制标准品溶液浓度 X 进行线性回归。

(5)杨梅素的分离纯化 第一步,配制 1.0 mg/mL 的二氢杨梅素甲醇溶液(1 mL);第二步,将配制好的二氢杨梅素甲醇溶液(1 mL)转移至装有磁力搅拌子的圆底烧瓶(50 mL)中;第三步,配制碱性 Borax-NaOH 缓冲溶液(pH=9.4);第四步,吸取现配的碱性缓冲溶液 25 mL,缓慢加入至盛有二氢杨梅素甲醇溶液的圆底烧瓶中,室温匀速搅拌 3 h;第五步,反应过程中,采用 HPLC 检测跟踪,确定反应终点;第六步,反应结束后,加入 0.1%稀盐酸溶液,调节反应溶液 pH 为 6 左右进行淬灭;第七步,采用旋转蒸发仪减压脱溶剂至 1/2,加入无水乙醇溶解,并加入无水硫酸钠,过滤,完全脱溶,获得浸膏;第八步,浸膏采用柱层析纯化分离(石油醚:乙酸乙酯=5:1,V/V),得目标产物,产率 0.54 g。杨梅素为黄色固体。

(6)超氧阴离子自由基检测方法 第一步,利用 PBS(pH=7.4)、Tris-HCl

(pH＝8.5)、Borax-NaOH(pH＝9.4)缓冲溶液分别与甲醇(体积比 1/1)均匀混合；第二步，分别取 5 mL 不同 pH 的缓冲溶液置于 A，B 及 C 号硬质试管中，并连续通入空气 5～10 min；第三步，分别将 1.0 mg/mL 的二氢杨梅素甲醇溶液(0.5 mL)转移入对应 A，B 及 C 号硬质试管中，用移液枪吸取 100 μL 溶液转移至石英管中，并加入配制好的 DMPO 甲醇液(100 mg/L，10 μL)，用毛细吸管吸入溶液，将毛细吸管放入石英核磁管中，将石英管直接插入仪器测试。

EPR 检测条件：中心磁场 3500.00 G；扫描宽度为 150.00 G；扫场时间为 30.00 s；微波功率为 3.99 mW；调制幅度为 1.000 G；转换时间为 40.0 ms。

7. 结果与分析

(1)酸碱因素对二氢杨梅素分子构型稳定的影响　在探讨酸碱因素对二氢杨梅素分子构型稳定性时，指导教师应指导学生对二氢杨梅素结构进行理论分析，然后开展实验，模拟二氢杨梅素在弱酸性或(弱)碱性条件下的行为变化研究。实验组：可分为对照组(1.0 mg/mL 的二氢杨梅素甲醇)、A 组[PBS(pH＝7.4)＋1.0 mg/mL 的二氢杨梅素甲醇]、B 组[Tris-HCl 缓冲溶液(pH＝8.5)＋1.0 mg/mL 的二氢杨梅素甲醇]及 C 组[Borax-NaOH 缓冲液(pH＝9.4)＋1.0 mg/mL 的二氢杨梅素甲醇]，各实验组均同时室温匀速搅拌 1 h。反应过程中，指导教师应提醒学生注意观察各实验组溶液的颜色变化，并做好记录。实验结果表明：对照组溶液颜色几乎没变化(无色透明)，A，B 及 C 组溶液颜色均出现不同程度的变色。其中，A 组溶液颜色较浅，为浅黄色；B 组溶液颜色为棕红色；C 组溶液为深棕色。随后，指导教师提出问题"各实验组溶液颜色不一样说明什么科学问题？"。在指导学生采用高效液相色谱法(HPLC)考察各实验组中二氢杨梅素含量变化时，指导教师通过色谱图给学生讲解分析实验结果，结果如图 4-2 所示，在检测波长为 254 nm 条件下，二氢杨梅素(t＝6.469 min)在不同碱性的缓冲溶液中的作用变化，相比对照组(实测值：19.9 mg/mL；理论值：20.2 mg/mL)而言，A，B 及 C 组中的二氢杨梅素含量均有不同程度的减少，其中，C 组中的二氢杨梅素含量减少程度最大，约 35.7%(从 19.9 mg/mL 减少至 12.8 mg/mL)，B 组和 A 组中的二氢杨梅素含量减少程度分别约为 12.6%(从 19.9 mg/mL 减少至 17.4 mg/mL)和 4.5%(从 19.9 mg/mL 减少至 19.0 mg/mL)。以上数据说明，在一定范围内，二氢杨梅素在碱性溶液中不稳定性程度与碱性强弱成正比关系。另外，值得注意的是，在色谱图上 t＝15.8 min 处，可明显地观察到色谱吸收峰出现，且峰面积随着缓冲溶液中的碱性增加而增大。

小结：二氢杨梅素在弱碱性缓冲溶液中的行为变化，可能归因于二氢杨梅素分子骨架上酚羟基碱化作用，从而导致其结构稳定性发生变化，可能转化为文献报道的类似于查耳酮结构的物质。

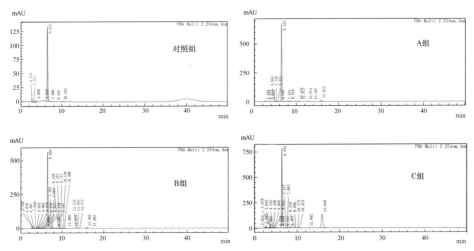

图4-2 HPLC检测分析二氢杨梅素在不同碱性缓冲溶液中成分变化

二氢杨梅素的出峰时间为 6.475 min

为了进一步证实提出的可能性,指导教师应告知学生实验数据是最有力的直接证据。因而,指导教师在指导学生开展二氢杨梅素碱性(pH=9.4)缓冲溶液中扩大实验时,整个实验过程应采用 HPLC 进行跟踪检测。反应完毕后,进行后处理(稀盐酸淬灭反应+减压浓缩+柱层色谱分离纯化),获得一种黄色的固体粉末。该黄色固体粉末,按照相应的色谱条件,进行 HPLC 色谱分析,获得的出峰保留时间为 15.893 min,与二氢杨梅素在碱性溶液中的未知成分出峰保留时间基本一致。同时,该黄色粉末经 ^{1}H-NMR、^{13}C-NMR 和质谱结构表征,明确了该化合物与已报道的杨梅素数据基本吻合。由此可断定,二氢杨梅素在碱性缓冲溶液中的行为变化,可使二氢杨梅素分子结构转化为杨梅素,而不是类似于查耳酮结构的物质。

(2)超氧阴离子自由基($O_2^{·-}$)的捕获和 EPR 的检测分析 基于以上实验事实,指导教师需引导学生开展二氢杨梅素在碱性缓冲溶液中的自氧化作用机理研究。学生应对二氢杨梅素和杨梅素分子结构进行剖析,如图4-3所示。

二氢杨梅素是一种苯并呋喃环类的衍生物,是由十五个碳原子和多个羟基组成的非平面分子。从分子结构上看,二氢杨梅素可分为三个环,分别为 A、B 和 C 环。A 环上分布了两个间位的酚羟基,与 C 环上的羰基可形成 π-π 共轭作用;B 环上分布了三个相邻的酚羟基,与 C 环没有发生共轭作用,且相对孤立;C 环上分布

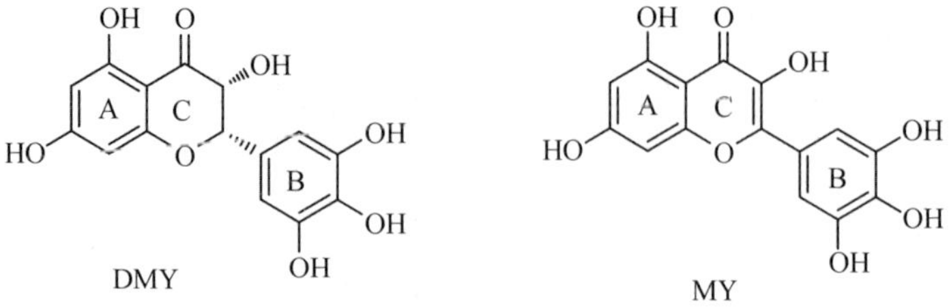

图 4-3　二氢杨梅素(DMY)与杨梅素(MY)的分子结构

了两个活性反应位点,分别为羰基邻位碳上的 α-H 和 B 环邻位碳上的 α-H。另外,在比较 A 环与 B 环上的相对电子云密度方面,A 和 B 环均为多酚类结构,属于富电子体系。由于 B 环上拥有三个酚羟基(富电子基团)多于 A 环,且 A 环受到 C 环上羰基的吸电子共轭效应(-C)影响,因此,B 环上的相对电子云密度大于 A 环。与杨梅素分子结构相比,杨梅素也属于苯并呋喃类的衍生物,拥有五个酚羟基和一个烯醇式醇羟基,属于平面性分子,A、B 及 C 环均可通过 π-π 共轭作用,使其环内能量降低,形成相对稳定的结构。因此,在分子结构稳定性方面,杨梅素的稳定性优于二氢杨梅素。

　　此外,学生查阅文献可知,富电子体系的连苯三酚,在有氧且碱性水溶液中,可产生超氧阴离子($O_2^{\cdot-}$),如图 4-4 所示。超氧阴离子是一类非常活泼的活性氧(reactive oxygen species,ROS)自由基,属于氧的单电子还原产物。然而,学生将连苯三酚与二氢杨梅素分子结构进行对比分析,可发现二氢杨梅素也属于富电子体系。在此,指导教师应引导学生大胆地猜测:①二氢杨梅素在碱性水溶液中,是否会释放 $O_2^{\cdot-}$? ②$O_2^{\cdot-}$ 与二氢杨梅素转化为杨梅素是否存在一定的关系?

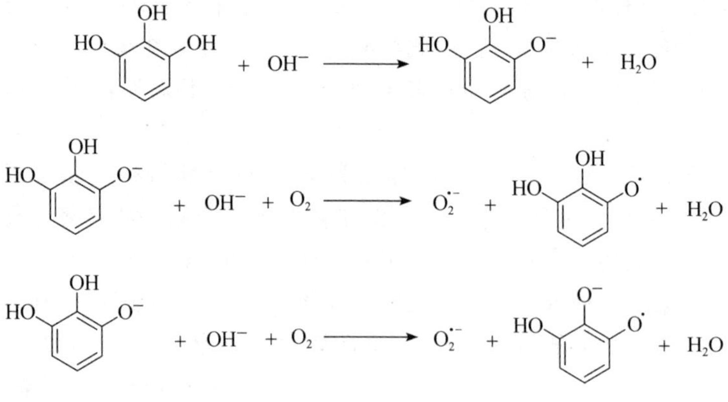

图 4-4　连苯三酚在有氧,且碱性溶液中自氧化释放超氧阴离子自由基($O_2^{\cdot-}$)

为了求证学生们提出的猜想是否合理,指导教师首先对学生们介绍 $O_2^{\cdot-}$ 的检测方法和设备——电子顺磁共振波谱仪(EPR)。然后,指导学生开展 DMPO 捕获 $O_2^{\cdot-}$ 实验,并通过 EPR 进行检测分析。实验结果表明,二氢杨梅素在不同碱性的缓冲溶液中,室温搅拌 30 min,均可观察到 DMPO 捕捉超氧阴离子形成的加合物特征峰(近似强度比值 1/1/1/1),说明二氢杨梅素在碱性的缓冲溶液中,能够释放出超氧阴离子自由基,且释放量与溶液碱性成正比,如图 4-5 所示。

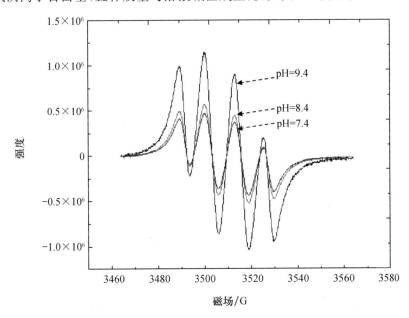

图 4-5　二氢杨梅素在不同碱性缓冲溶液中释放超氧阴离子自由基的影响

另外,指导教师需给学生讲解 $O_2^{\cdot-}$ 形成的条件:①反应体系中需有游离态氧分子的存在;②游离态氧分子夺取电子体系的电子,形成超氧阴离子自由基($O_2^{\cdot-}$)。随后,学生可进一步开展二氢杨梅素在排氧碱性缓冲溶液中的 $O_2^{\cdot-}$ 捕捉实验。实验结果表明,二氢杨梅素在相同的条件下,通入氮气的碱性缓冲溶液中的 DMPO 捕捉超氧阴离子形成的加合物 DMPO-$O_2^{\cdot-}$ 特征峰强度,均发生大幅度的减弱,如图 4-6 所示。

小结:以上实验数据说明了二氢杨梅素在碱性的溶液中,且有氧条件下,可释放超氧阴离子自由基($O_2^{\cdot-}$),且在一定范围内,溶液的碱性越强,产生超氧阴离子自由基的量越多。

(3)二氢杨梅素自氧化作用机理分析　指导教师根据上述实验结果,引导学生

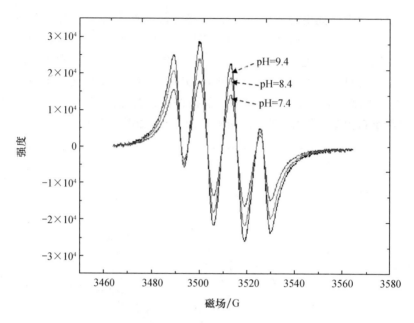

图 4-6　二氢杨梅素在有氮气，且不同碱性缓冲溶液中，产生超氧阴离子自由基

对二氢杨梅素在碱性溶液中的自氧化作用机理进行思考，并给出可能性研究方案。可能性作用机制如图 4-7 和图 4-8 所示：①二氢杨梅素分子中的 B 环，其相对电子云密度比 A 环高，且环上的羟基与碱反应，失去质子，形成负离子 **1**；②负离子 **1** 与氧气分子发生有效碰撞，失去一个电子给氧，从而实现单电子氧化还原反应，获得

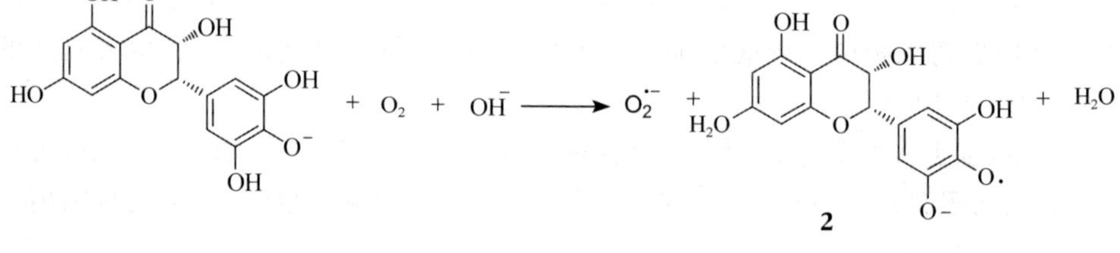

图 4-7　二氢杨梅素在有氧，且碱性环境中产生超氧阴离子自由基作用机理

单电子还原产物——超氧阴离子自由基（O₂·⁻）和阴离子自由基 **2**；③超氧阴离子自由基通过自由基传递方式，超氧阴离子自由基传递给未参加释放自由基的二氢杨梅素，获得较为稳定的二氢杨梅素自由基 **1**（发生 p-π 共轭效应）和过氧化氢负离子；④过氧化氢负离子进一步结合质子，形成过氧化氢；⑤自由基 **1** 与超氧阴离子自由基进一步结合，形成对应的过氧负离子 **2**；⑥通过质子化、脱水作用，形成相对稳定的碳正离子 **3**；⑦碳正离子 **3** 通过碳正离子氢重排，形成杨梅素的酮式 **4**，再烯醇互变，形成杨梅素（MY）。

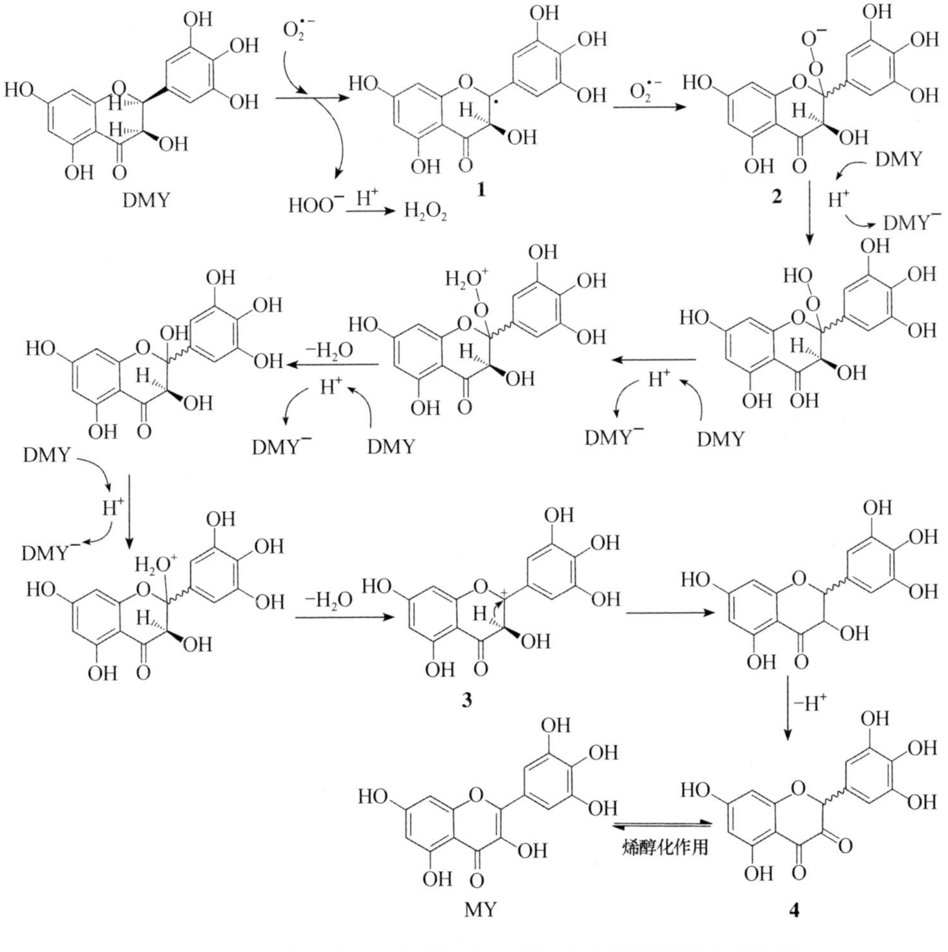

图4-8　二氢杨梅素在超氧阴离子作用下转化杨梅素的作用机理

8. 结论

首先，指导教师对开展的教学实验进行总结，强调二氢杨梅素作为一种天然手性黄酮醇类化合物，是显齿葡萄叶中的最主要成分，其含量占比可高达干重的25％以上。其次，本探究性教学实验，基于课题组前期研究成果《藤茶中抗氧化成分——二氢杨梅素在碱性溶液中的自氧化作用机理》改编而来，着重围绕着藤茶中主要化学成分二氢杨梅素在碱性溶液中不稳定性研究进行改编。该教学实验融合了有机化学、分析化学（仪器分析）和无机化学等相关专业知识体系，具有较强的探究性，可为硕士研究生和大学本科相关化学专业学生提供重要的实践课程内容，同时也可为中学生开展青少年科技创新课程提供重要的指导意义。

9. 参考文献

［1］周耀，丰来，周政．藤茶植株叶果与组培物中二氢杨梅素含量的比较研究［J］．湖南农业科学，2012(13)：105-107.

［2］李翠苹，曹树稳，余燕影．二氢杨梅素研究进展［J］．化学试剂，2010，32(7)：608-612.

［3］张明生，张妮，何磊磊，等．江口县显齿蛇葡萄中二氢杨梅素和杨梅素含量分析［J］．广东农业科学，2012，39(15)：124-125.

［4］Du Q，Cai W，Xia M，et al. Purification of（＋）-dihydromyricetin from leaves extract of *Ampelopsis grossedentata* using high-speed countercurrent chromatograph with scale-up triple columns.［J］. Journal of Chromatography A，2002，973(1)：217- 220.

［5］Zhou F Z，Zhang X Y，Zhan Y J，et al. Dihydromyricetin inhibits cell invasion and down-regulates MMP-2/-9 protein expression levels in human breast cancer cells［J］. Progress in Biochemistry & Biophysics，2012，39(4)：352-358.

［6］Zhou F Z. Synergy and Attenuation effects of dihydromyricetin on tumor-bearing mice affected by breast cancer treated with chemotherapy［J］. Journal of South China University of Technology，2011，39(9)：147-151.

［7］白倩，谢琦，彭晓莉，等．二氢杨梅素通过抑制甲基转移酶诱导人乳腺癌MCF -7 细胞 PTEN 基因去甲基化［J］．第三军医大学学报，2014，36(1)：20-24.

［8］陈玉琼．藤茶中黄酮、二氢杨梅素的提取分离、降血脂作用及藤茶安全评价的研究［D］．武汉：华中农业大学，2007.

［9］苏东林，黄继红，姚茂君．二氢杨梅素的急性毒理学评价及对酒精性肝损伤的防治效果［J］．湖南农业科学，2009，(11)：90-93.

[10] 徐静娟,姚茂君,许钢. 二氢杨梅素抗氧化功能的研究[J]. 食品科学, 2007,28(9):43-45.

[11] 肖小年,王江南,谭潇啸,等. 二氢杨梅素的抑菌活性及其影响因素[J]. 中国食品学报,2016,16(10):124-129.

[12] 王江南. 二氢杨梅素的抑菌作用研究[D]. 南昌:南昌大学,2014.

[13] Zheng Q,Xu L,Zhu L,et al. Preliminary investigations of antioxidation of dihydromyricetin in polymers[J]. BuLletin of Materials Science,2010,33(3): 273-275.

[14] 张友胜,宁正祥,杨书珍,等. 显齿蛇葡萄中二氢杨梅树皮素的抗氧化作用及其机制[J]. 药学学报,2003,38(4):241-244.

[15] 林淑英,高建华,郭清泉,等. 二氢杨梅素的稳定性及其影响因素[J]. 食品与生物技术学报,2004,23(2):17-20.

[16] 何桂霞,裴刚,李斌,等. 二氢杨梅素的稳定性研究[J]. 中国新药杂志, 2007,16(22):1888-1890.

[17] 刘同方. 二氢杨梅素半合成杨梅素工艺研究[D]. 吉首:吉首大学,2015.

[18] 刘名玉. 杨梅素共晶制备、表征与体内外评价[D]. 上海:上海中医药大学,2017.

[19] Furuno K,Akasako T,Sugihara N. The contribution of the pyrogallol moiety to the superoxide radical scavenging activity of flavonoids. [J]. Biological & Pharmaceutical Bulletin,2002,25(1):19-24.

[20] 段志芳,樊美杉. 7-(3,4-二取代-1,2,4-三唑-5)-硫乙氧基黄酮的合成及抗氧化活性[J]. 化学试剂,2016,38(11):1045-1050.

[21] 巴丽思,王留柱,安丽萍,等. 单宁酸磷酸酯的合成及其抗氧化性能评价[J]. 化学试剂,2017,39(9):933-936.

[22] Marklund S,Marklund G. Involvement of the superoxide anion radical in the autoxidation of pyrogallol and a convenient assay for superoxide dismutase [J]. Clinical Infectious Diseases,2010,47(3):469-474.

[23] Zhang Q A,Wang X,Song Y,et al. Optimization of pyrogallol autoxidation conditions and its application in evaluation of superoxide anion radical scavenging capacity for four antioxidants[J]. Journal of Aoac International,2016,99 (2):504.

[24] 饶静,谢杰,赵井泉,等. 大黄酚光敏化产生自由基和单重态氧[J]. 中国

科学,2004,34(3):211-217.

[25] 姚元勇,王云洋,何来斌,等. 藤茶中抗氧化成分——二氢杨梅素在碱性溶液中的自氧化作用机理[J]. 化学试剂,2020,42(3):295-300.

10. 硕士研究生实践教学组织、建议、思考与创新

(1)教学组织　本综合性实验可面向材料与化工工程硕士专业精细化工研究方向学生开设实践课程,可分为 4 组,每组 2～3 人,共 16 学时。实验内容安排如下。

①藤茶中二氢杨梅素的提取分离及纯化(2 学时);

②二氢杨梅素在不同(弱)碱性条件下的样品制备(2 学时);

③HPLC 分析检测(4 学时);

④杨梅素的分离纯化及表征(4 学时);

⑤超氧阴离子自由基检测分析(4 学时)。

(2)教学建议

①建议学生提前查阅藤茶中已知化学成分,明确其分子结构的差异性和含量占比;

②建议学生学习天然产物提取一般方法,如超声提取、微波提取及溶剂浸提等方法;

③建议学生提前设计探讨二氢杨梅素溶液稳定性实验方案,并结合其分子结构特性分析给出需讨论的可能性影响因素;

④建议学生查阅二氢杨梅素或类似物在 HPLC 分析中的色谱条件,如色谱柱类型、流动相、流速等;同时,建议学生自学超氧阴离子自由基检测与分析方法;

⑤建议指导教师引导学生对分子结构的表征数据进行分析,如 ^{1}H-/^{13}C-NMR;

⑥建议指导教师引导学生对二氢杨梅素结构变化的作用机制推导分析。

(3)思考与创新

①从分子结构分析,二氢杨梅素与其类似物在稳定性方面的差异性分析;

②二氢杨梅素在不同弱碱性条件下的自氧化速率比较分析;

③不同黄酮类化合物在弱碱性条件下的自氧化作用比较分析;

④自氧化作用与黄酮类化合物的官能团关系,如羟基数目、分布等;

⑤超氧阴离子自由基的释放与黄酮类分子结构的关系。

11. 本科生课程教学组织、建议、思考与创新

(1)教学组织　本实验可面向新工科专业(化学工程与工艺、制药工程及食品工程专业)的高年级(二年级以上)本科学生开设,共分为 4 组,每组 4～5 人,共 10

学时,分别进行以下实验内容。

①二氢杨梅素的制备(2 学时);

②二氢杨梅素在不同(弱)碱性条件下的样品制备(4 学时);

③HPLC 分析检测(定性和定量)(4 学时)。

(2)教学建议

①建议学生分组独立完成,各组成员可分工合作;

②建议学生了解有机样品纯度鉴定的一般方法;

③建议学生提前学习 HPLC 的工作原理和操作流程,特别要掌握 HPLC 定性分析和定量分析方法,如标准曲线的制作;

④建议指导教师引导学生设计不同因素对二氢杨梅素溶液在弱碱条件下的自氧化影响;

⑤建议指导教师引导学生对 HPLC 色谱数据的分析。

(3)思考与创新

①在制备藤茶中二氢杨梅素时,如何实现二氢杨梅素产率和纯度的提高,请结合实际情况给出设计方案;

②二氢杨梅素在酸、碱性环境中的稳定性比较,并给出合理的解释;

③二氢杨梅素在无氧的碱性溶液中,是否可保持二氢杨梅素分子骨架的完整性?

④HPLC 在定量分析上,如何实现数据的可靠性?

12. 中学生课外活动教学组织、建议、思考与创新

(1)教学组织　本实验可面向中学化学(初级和高级中学)学生开设科技创新课外活动课程,指导学生课后开展青少年科学创新活动。实验包括以下内容。

①藤茶主要成分的提取分离及纯化;

②二氢杨梅素在有氧或缺氧条件下弱碱性溶液中的稳定性;

③UV-Vis 分析二氢杨梅素在酸碱性条件下的稳定性及对比分析。

(2)教学建议

①建议指导教师在实验活动前,引导学生实地考察学习藤茶的制作工艺,了解藤茶与传统茶叶的区别;

②建议在藤茶二氢杨梅素制备过程中,首先,应查询二氢杨梅素的物理和化学性质,如颜色、形态、溶解性、酸碱性等。其次,应了解提取溶剂和洗脱溶剂的基本性质,如极性、沸点及毒性;

③建议在学生做实验前,指导教师先介绍提取分离纯化的原理,并讨论目前提取分离天然产物成分的方法有哪些,并进行优缺点比较;

④在讨论二氢杨梅素酸碱稳定性方面,学生应采用摄像机或相机记录下不同碱性条件下二氢杨梅素溶液颜色的变化,并尝试讨论说明溶液颜色变化与哪些因素有关系。

(3)思考与创新

①学生可选用不同提取方法对藤茶中二氢杨梅素进行提取,并讨论不同方法的提取率。

②讨论与二氢杨梅素类似的化合物,是否也对碱性条件不稳定?

③讨论二氢杨梅素及其类似物在 UV-Vis 光谱中的差异性,并结合分析化学知识给出合理解释。

4.2.2 "天然产物半合成"策略之植物源生物黄酮醇——杨梅素的制备创新综合实验设计

1. 科研成果简介

(1)论文名称:碱性水溶液条件下二氢杨梅素合成杨梅素作用机制研究

(2)作者:姚元勇,石宝国,陈仕学,等

(3)发表期刊:分子科学学报,2021 年,北大中文核心期刊

(4)发表单位:铜仁学院

(5)基金资助:贵州省教育厅创新群体重大研究项目[黔教合 KY 字(2018)033];贵州省高层次创新型人才项目[2017-(2015)-015];化学工程与技术省级重点学科资助项目[黔学位合字 ZDXK(2017)8]

(6)研究图文摘要:

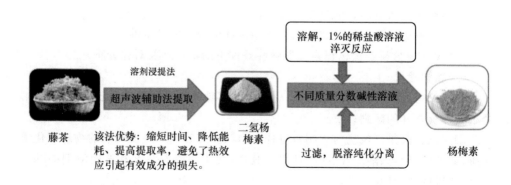

藤茶　　该法优势:缩短时间、降低能耗、提高提取率,避免了热效应引起有效成分的损失。　　二氢杨梅素　　杨梅素

为了求证文献中提出二氢杨梅素半合成杨梅素作用机理的不合理性及合理作用机理的提出,实验参考了文献中提出的最佳反应条件,并进行重复验证,同时,利用高效液相色谱对反应过程进行痕迹跟踪。实验结果表明,二氢杨梅素在文献中最佳反应条件下搅拌反应,杨梅素的生成率为 11.2%,与文献值基本符合。然而,从液相色谱中分析可知,并未检测到文献中提出的查耳酮结构中间体和环氧烷结构中间体。另外,实验分别探讨了氢氧化钠用量因素与生成查耳酮结构中间体和杨梅素生成率之间的关系。实验结果表明,二氢杨梅素在 1% 的氢氧化钠水溶液(5.5 mL),恒温水浴 35 ℃条件下,搅拌 20 h,反应过程通过液相色谱跟踪,并未检测到对应的查耳酮结构中间体生成,相反,检测到杨梅素成分的生成痕迹,并随着反应时间的延长,杨梅素生成率逐渐升高,生成率可达到 65.1%。最后,实验通过利用电子顺磁共振波谱仪(EPR)对二氢杨梅素在碱性环境中释放超氧阴离子的行为变化进行观察。实验结果表明,二氢杨梅素溶于弱碱性(pH 为 8~9)的甲醇(50%)溶液中,且在有氧条件下,加入自旋电子捕获剂 DMPO(5,5-二甲基-1-吡咯啉-N-氧化物)后,可观察到 DMPO 捕捉超氧阴离子形成的加合物特征峰,随着时间的延长,其特征峰的强度也增强。综上所述,实验证实了文献中提出的二氢杨梅素半合成杨梅素作用机理的不合理性,并合理地提出了基于超氧阴离子催化二氢杨梅素脱氢合成杨梅素的作用机理。

2. 教学案例概述

聚焦地方"天然产物半合成策略"的研究成果,是有效解决天然产物工业化的唯一途径。近年来,课题组专注于生物资源综合利用与开发研究方向,在天然药用植物的研究方面取得了阶段性成果。天然手性二氢杨梅素作为药食两用藤本植物藤茶中主要的活性成分,是一类天然潜在的抗氧化剂、抗肿瘤及保肝剂,由于其分子结构的特殊性,而获得了众多研究工作者的关注。杨梅素作为二氢杨梅素的脱氢化合物,拥有五个酚羟基和一个烯醇式醇羟基,也是一类重要的天然潜在活性分子。目前,对杨梅素的获得主要还是依靠从植物中提取分离。然而,在化学合成方面,相对处于滞后,且报道甚少。该研究成果是以刘同方等提出的杨梅素半合成作用机理为讨论焦点,通过重复文献报道方法,提出问题,分析问题,解决问题,最终提出了一种基于超氧阴离子自由基参与的二氢杨梅素半合成杨梅素的作用机制,否定了刘同方课题组提出的杨梅素半合成作用机理 Algar-Flynn-Oyamada(AFO)(图 4-9)的合理性。

因此,该综合性化学实验课程融合了辩证法的思维方式,既满足了学科之间的交叉,又体现了知识体系的融合,可较好地弥补基础实验课程的单一性和讨论性,对培养学生辩证思维,不盲目崇拜权威提供重要教学案例。

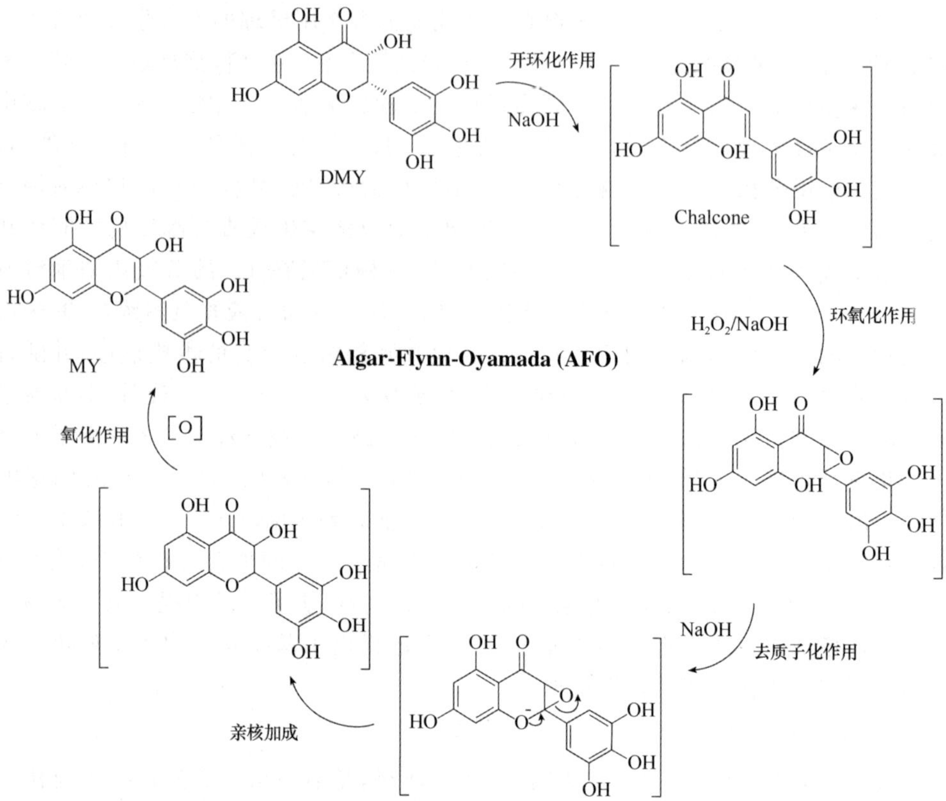

图 4-9　Algar-Flynn-Oyamada(AFO)作用机理

注:AFO 作用路径介绍:①二氢杨梅素在碱性条件下,经开环转化为查耳酮结构;②其查耳酮结构在过氧化氢氧化剂作用下,氧化成环氧化合物,再进行酚羟基的开环作用;③中间体双氢黄酮分子通过进一步氧化,实现了杨梅素结构的形成。

3. 实验目的

(1)了解天然产物全/半合成策略在生物资源化学成分研究方面的重要性。

(2)熟悉天然生物黄酮化合物在生物活性方面的重要意义与未来研究价值。

(3)掌握唯物辩证法在天然产物合成中的应用方法。

(4)重点掌握二氢杨梅素转化杨梅素的合成策略,提高对学生科学核心素养的培养。

4. 实验原理与技术路线

以天然二氢杨梅素在碱性水溶液中合成杨梅素研究为主线,利用天然手性二氢杨梅素为原料,探讨不同质量分数的氢氧化钠溶液或过氧化氢对二氢杨梅素转化杨梅素产率的影响。学生可参照一下技术路线图进行实验设计,并撰写出有效的实验方案(图 4-10)。

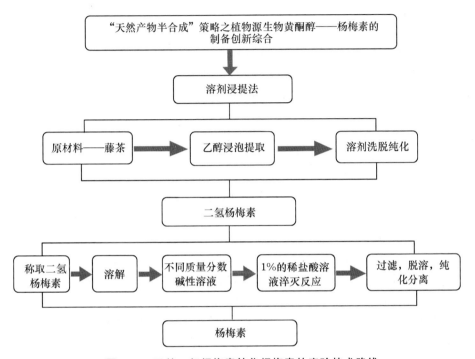

图 4-10　天然二氢杨梅素转化杨梅素的实验技术路线

5. 实验试剂与仪器

(1)实验试剂　无水乙醇、氢氧化钠、甲醇、石油醚、乙酸乙酯、无水硫酸钠、DMPO 均为分析纯(采购于上海阿拉丁生化科技股份有限公司),乙腈、磷酸均为色谱纯(采购于上海阿拉丁生化科技股份有限公司),蒸馏水(实验室自制),果胶(实验室自制)。藤茶(铜仁学院自主引种栽培),二氢杨梅素(铜仁学院自制,纯度>95%),薄层层析用硅胶 GF254 为国产。

(2)实验仪器　电子顺磁波谱仪-布鲁克 A300;日本岛津 Lc20at 高效液相色谱仪;磁力搅拌器(郑州长城科工贸有限公司)。

6. 实验步骤

(1)天然二氢杨梅素提取分离方法　指导教师应引导学生完成天然二氢杨梅素粗提物的制备(称取约 2 kg 的藤茶叶,置于 1 L 工业乙醇溶剂中浸渍 2 d,滤液经减压脱溶,获得墨绿色的浸膏,约 200 g)。然后,取一定量墨绿色浸膏,并采用柱层析法梯度洗脱分离(石油醚/乙酸乙酯＝10/1 至 1/1,V/V),获得白色粉末二氢杨梅素。

(2)杨梅素的合成方法　杨梅素半合成步骤:第一步,称量二氢杨梅素(0.5201 g, 1.624 mmol),转移到带有磁力搅拌子的圆底烧瓶(250 mL)中;第二步,加入约 30 mL 二次蒸馏水和 10 mL 乙醇,恒温水浴 35 ℃下搅拌至完全溶解;第三步,滴加 5.5 mL 不同质量分数的氢氧化钠水溶液,继续恒温搅拌 20 h(整个反应过程中采用薄层色谱及高效液相色谱进行反应跟踪);第四步,反应结束后,加入 1％的稀盐酸溶液淬灭反应,并调节 pH 为 6 左右;第五步,减压蒸馏去除溶剂,依次加入无水乙醇,无水硫酸钠干燥,过滤,脱溶,柱层析纯化分离(石油醚∶乙酸乙酯＝5∶1, V/V),即得目标产物杨梅素,为黄色粉末。

(3)二氢杨梅素和杨梅素含量测定方法　在采用 HPLC 分析测定杨梅素生成率时,指导教师应先给学生讲解 HPLC 的使用原理和方法,并指导学生进行操作。色谱条件:Hypersil BDS C18 柱(4.6 nm×200 nm,5 nm),流动相:乙腈/0.1％磷酸水溶液(24/76,V/V),流速:1 mL/min,柱温:25 ℃,检测波长:254 nm 和 373 nm,进样体积:20 μL。

(4)超氧阴离子检测方法　超氧阴离子自由基检测方法与操作:第一步,称取约 2 mg 二氢杨梅素粉末,分散于水和甲醇(体积比 1/1)的混合溶液中;第二步,采用超声仪超声 30 min 至完全溶剂;第三步,采用氢氧化钠溶液调节溶液 pH 为 8～9,并连续通入空气(连续型气泡);第四步,量取通入空气 20 min 的反应溶液 100 μL,并加入 10 μL DMPO 甲醇溶液(100 mg/L);第五步,用毛细吸管吸入溶液,并转移至石英核磁管中,直接插入仪器测试。ESR 检测条件:中心磁场 3500.00 G;扫场宽度为 150.00 G;扫场时间为 30.00 s;微波功率为 3.99 mW;调制幅度为 1.000 G;转换时间为 40.0 ms。

7. 结果与讨论

(1)文献实验验证　指导教师在指导学生重复文献实验时,应完全按照文献报道实验条件进行操作。文献报道杨梅素半合成的最佳反应条件为:二氢杨梅素(0.5201 g,1.624 mmol)、30 mL 纯水为溶剂、0.68 mL 过氧化氢(15％)、5.5 mL 氢氧化钠溶液(16％),在恒温水浴 35 ℃下,搅拌 24 h。同时,利用高效液相色谱仪对反应体系中的二氢杨梅素和杨梅素进行定性及定量分析,实验结果表明杨梅素的生成率为 11.2％(0.0051 mmol/mL),与文献报道基本符合。

指导教师引导学生对文献提出的查耳酮和环氧化作用机制(AFO)产生疑问,并鼓励学生给出可能性分析和实验方案。首先,学生应设计单因素变量实验对文献报道的杨梅素半合成作用机制进行验证;其次,指导教师应强调单因素实验的关键在于:在确保其他因素不变的情况下,仅改变单一因素对实验结果的影响。因此,实验方案设计应采用 HPLC 对查耳酮结构中间体或环氧烷中间体的形成进行痕迹检测,分别考察氢氧化钠用量因素或过氧化氢用量因素对查耳酮或环氧烷中间体形成的影响。实验结果显示:在以 30 mL 纯水为溶剂、0.68 mL 过氧化氢(15%)、恒温水浴 35 ℃下,搅拌 24 h,当因素氢氧化钠溶液的质量分数从16%增至48%时,杨梅素的生成率呈下降趋势,且未有相关的查耳酮结构中间体色谱峰出现。然而,当氢氧化钠溶液的质量分数从16%降至1%时,杨梅素的产率呈升高趋势,生成率可达到62%,说明了氢氧化钠用量对二氢杨梅素转化的查耳酮结构中间体可能没有促进作用。另外,当15%的过氧化氢溶液用量从 0.68 mL 增加至5.6 mL 时,杨梅素的产率呈略微下降趋势,但影响幅度相对较小,且未有相关的环氧烷中间体色谱峰出现,该结果可间接地说明过氧化氢用量对查耳酮结构的环氧烷形成也可能没有促进作用,且过量的过氧化氢可能不利于杨梅素的生成,如图4-11 和图 4-12 所示。

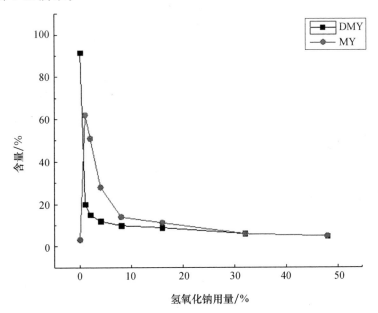

图 4-11　氢氧化钠用量对二氢杨梅素与杨梅素含量变化的影响

在过氧化氢(15%,0.68 mL)的条件下

　(2)碱对二氢杨梅素转化杨梅素的影响　在此,指导教师引导学生思考反应体系中生成的对应中间体可能存在时间相对较短,难以捕获。因此,在实验设计改进

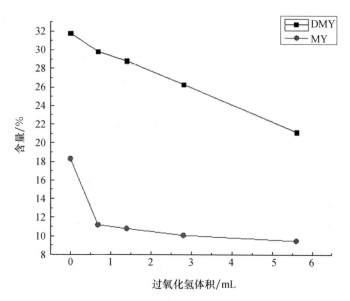

图 4-12　过氧化氢用量对二氢杨梅素与杨梅素含量变化的影响

在 16％的氢氧化钠溶液条件下

方面,指导教师应引导学生单独考察单因素的纵向维度对实验结果的影响。因而,实验可设计二氢杨梅素在质量分数为 16％和 1％的氢氧化钠溶液中,且未加入过氧化氢溶液,恒温水浴 35 ℃,搅拌 20 h 的条件下,观察二氢杨梅素半合成杨梅素过程中的行为变化及影响。实验结果表明,二氢杨梅素在质量分数分别为 16％和 1％的氢氧化钠溶液中,均可检测到杨梅素的生成,且杨梅素的生成率分别为 18.3％和 65.1％,均高于上述实验中加入过氧化氢的杨梅素生成率(11.2％和 62％)。

另外,指导教师在引导学生分析液相色谱图结果时,需指出出峰时间和强度可分别代表不同物质和物质对应的含量。例如,二氢杨梅素在 1％的氢氧化钠溶液中,搅拌为 1 h 时,均可在检测波长为 254 nm 和 373 nm 上,检测到出峰时间 $t_{MY} = 15.801$ min,即为杨梅素,说明有杨梅素成分生成。随着反应搅拌时间的延长,杨梅素的出峰面积逐渐增大,然而,二氢杨梅素($t_{DMY} = 6.475$ min)的出峰面积逐渐减小,且出现较多极性相对较大的副产物(图 4-13)。

小结:在此部分,指导教师可与学生一起对上述该实验结果进行总结,即二氢杨梅素在碱性水溶液中能够自发地转化为杨梅素,且在液相色谱图中,未检测到文献提出的查耳酮结构的中间体或与之极性相近的新物质。因此,实验结论为:刘同

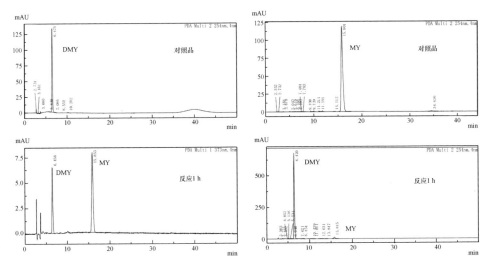

图 4-13　高效液相色谱跟踪二氢杨梅素半合成杨梅素过程

杨梅素的最大吸收波长为 373 nm

方等提出的杨梅素半合成作用机制观点可能有误。

（3）过氧化氢对杨梅素生成的影响　指导教师组织学生探讨过氧化氢因素对杨梅素生成的影响时，实验方案设计为：不同用量的过氧化氢对二氢杨梅素转化为杨梅素的行为变化影响，如图 4-14 所示。

实验结果表明，在反应条件为恒温 35 ℃，30 mL 纯水为溶剂及搅拌 20 h 时，当过氧化氢的用量为 0.68 mL 时，通过液相色谱可以检测到微量的杨梅素成分生成。随着过氧化氢的用量不断增大，杨梅素成分含量也逐渐增大，但幅度相对较小。同时也观察到二氢杨梅素含量呈稍微下降趋势。小结：过氧化氢用量因素对二氢杨梅素转化合成杨梅素的生成呈现出一定的贡献度。

（4）二氢杨梅素转化杨梅素作用机理分析　结合上述实验验证结果，证实了分析文献提出的杨梅素半合成作用机制的不合理性。同时，结合实验数据结果和分子结构分析，指导教师引导学生提出二氢杨梅素转化杨梅素的作用新机制，即用超氧阴离子催化二氢杨梅素基脱氢合成杨梅素的作用机制。

如图 4-15 所示，二氢杨梅素分子结构可分为两部分，其分别为 A 环和 B 环。由于二氢杨梅素分子不是一个平面分子，A 环与 B 环没有产生共轭作用，说明 A 环和 B 环相对孤立，且 A 环羰基邻位上具有较为活泼的 α-H，容易发生脱氢作用。然而，对相对孤立的 B 环而言，B 环上拥有三个羟基，且结构类似于邻苯三酚结构，据大量国内外文献报道，邻苯三酚在碱性条件下，能够产生具有强氧化性的超氧阴

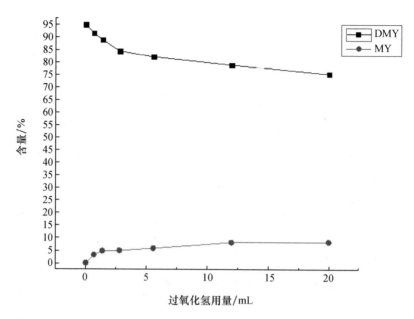

图 4-14　碱未参与条件下过氧化氢用量对杨梅素和二氢杨梅素含量的影响

离子自由基。

通过对超氧阴离子自由基产生原理的合理分析,指导教师可鼓励学生大胆猜想,引导他们提出二氢杨梅素在适当的碱性环境中,能够产生一定量的超氧阴离子自由基的可能性;同时,引导他们对自己提出的假设进行实验方案设计,证实文中提出的二氢杨梅素在适当的碱性溶液,且有氧条件下产生超氧阴离子自由基的可能性。在此,指导教师需提前介绍电子顺磁共振波谱仪(EPR)的原理及对自由基的表征与应用。实验结果表明,二氢杨梅素溶于弱碱性(pH 为 8～9)的甲醇(50%)溶液中,并加入自旋电子捕获剂 DMPO(5,5-二甲基-1-吡咯啉-N-氧化物)后,可观察到 DMPO 捕捉超氧阴离子形成的加合物特征峰,且随着时间延长,其特征峰的强度也随之增强,如图 4-16 所示。

小结:二氢杨梅素在弱碱性溶液中,且有氧条件下,可实现自氧化过程,释放超氧阴离子自由基。

综合以上实验数据分析,本次实验合理地提出了在适当的碱性环境中,二氢杨梅素基于超氧阴离子催化脱氢合成杨梅素的作用机制,即二氢杨梅素在碱性条件下,形成相应的钠盐,该钠盐属于富电子体系,容易失去电子被氧化。然而,氧分子作为强氧化剂,易获得电子,可实现氧分子受单一电子还原,产生超氧阴离子。然

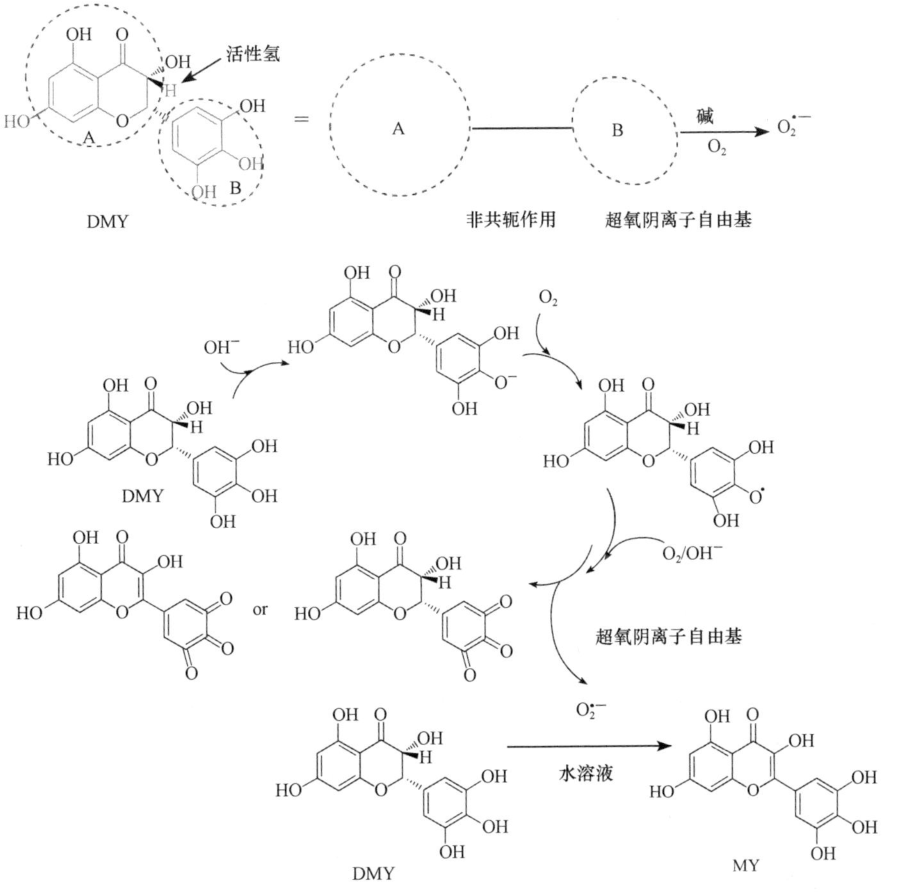

图 4-15 基于超氧阴离子作用机理催化合成氢杨梅素

后,超氧阴离子作为活泼的自由基和氧化剂,进一步地实现超氧阴离子对二氢杨梅素 A 环上的活泼 C—H 键进行脱氢氧化,形成羰基,然后,羰基转化为烯醇式,实现 A 环部分与 B 环部分的整体共轭作用,获得稳定性产物,即为杨梅素。

8. 结论

杨梅素作为天然多羟基黄酮类化合物,其主要依靠从植物中提取获得,然而,在化学合成方面,报道较少。本次综合性实验课程融合了有机化学和分析化学知识体系,针对文献提出的杨梅素半合成 Algar-Flynn-Oyamada(AFO)作用机制的不合理性进行实验验证;同时,提出二氢杨梅素在适当的碱性条件下,释放出具有超氧化能力的超氧阴离子,从而实现超氧阴离子催化脱氢二氢杨梅素转化杨梅素

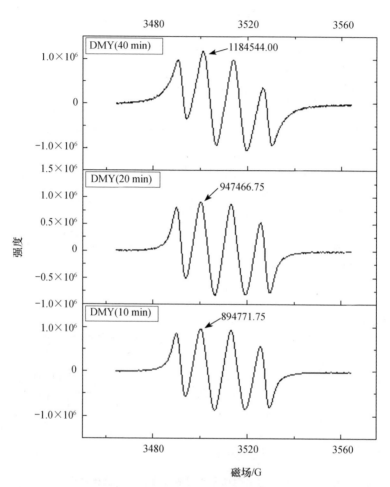

图 4-16　在弱碱性溶液中,且有氧条件下,时间对二氢杨梅素产生超氧阴离子的影响

的作用机制。

9. 参考文献

[1] 石治敏,杨丽丽,沈天娇,等. 二氢杨梅素对 4 种植物油脂抗氧化作用研究[J]. 中国油脂,2017,42(6):89-92.

[2] 王恩花,秦泽华,杨礼寿,等. 藤茶源二氢杨梅素对贵州传统香肠的抗氧化活性评价[J]. 食品科技,2017(6):128-132.

[3] 左彦珍,孙大永,毕红东,等. 二氢杨梅素诱导凋亡抗肿瘤作用[J]. 中成药,2015,37(8):1849-1852.

[4] 侯小龙,王文清,施春阳,等.二氢杨梅素药理作用研究进展[J].中草药, 2015,46(4):603-609.

[5] 陈土明.二氢杨梅素对肝脏损伤保护及肝再生作用的研究[D].湛江:广东医科大学,2014.

[6] 尹梅梅,潘振伟,蔡本志,等.二氢杨梅素诱导人肺腺癌细胞系 AGZY-83-a 凋亡的实验研究[J].中国药理学通报,2008,24(5):626-630.

[7] 周防震,张晓元,孙奋勇,等.二氢杨梅素对人乳腺癌细胞 MDA-MB-231 的体外抗增殖作用[J].肿瘤防治研究,2012,39(1):95-97.

[8] 李明,张卫星,袁璐.二氢杨梅素对乳腺癌细胞 MCF-7 增殖、凋亡的影响 [J].国际检验医学杂志,2017,38(13):1762-1764.

[9] 臧宝霞,金鸣,吴伟,等.杨梅素对血小板活化因子拮抗的作用[J].药学学报,2003,38(11):831-833.

[10] 俞瑜,曾耀英,刘良,等.杨梅素对淋巴细胞活化及增殖的影响[J].中国药理学通报,2006,22(1):63-66.

[11] 刘师兵,陈君,吴少花,等.杨梅素诱导 HeLa 细胞凋亡的形态学研究[J].吉林医药学院学报,2015,36(6):418-421.

[12] 于洋,刘亚萌,吴少花,等.杨梅素对人卵巢癌 SKOV3 细胞的凋亡诱导作用[J].吉林大学学报(医学版),2015,41(5):902-906.

[13] 李有富,李魏林.杨梅素对肝癌细胞 Bel-7402 裸鼠移植瘤的抑制作用 [J].中国医药导报,2015,12(31):44-47.

[14] 刘同方,于华忠,陈雁梅,等.杨梅素的半合成[J].合成化学,2015,23 (5):441-444.

[15] 刘同方.二氢杨梅素半合成杨梅素工艺研究[D].吉首:吉首大学,2015.

[16] 刘同方,于华忠,陈雁梅,等.杨梅素的半合成及抗氧化活性比较[J].食品与发酵工业,2015,41(6).125-127+133.

[17] 林淑英,高建华,郭清泉,等.二氢杨梅素的稳定性及其影响因素[J].无锡轻工大学学报(食品与生物技术),2004,23(2):17-20+44.

[18] 何桂霞,裴刚,李斌,等.二氢杨梅素的稳定性研究[J].中国新药杂志, 2007,16(22):1888-1890.

[19] 袁倬斌,高若梅.邻苯三酚自氧化反应的动力学研究[J].高等学校化学学报,1997(9):1438-1441.

[20] 袁倬斌,马志茹.用电化学方法研究红景天和丹参清除超氧阴离子自由

基和羟基自由基的作用[J]. 分析化学,1999,27(6):626-630.

[21] 林祥潮,黄晓东. 中药对超氧阴离子自由基清除率的测定[J]. 广州化学,2012,37(1):32-36.

[22] 姚元勇,石宝国,陈仕学,等. 碱性水溶液条件下二氢杨梅素合成杨梅素作用机制研究[J]. 分子科学学报,2019,35(1):62-70.

10. 硕士研究生实践教学组织、建议、思考与创新

(1)教学组织　本实验可面向材料与化工工程硕士专业生物化工研究方向的学生开设,共分为 4 组,每组 1～2 人,共 18 学时,每次课 2～6 学时,分 5 次课完成。实验内容安排如下:

①二氢杨梅素的提取分离纯化(2 学时);

②文献实验结果验证及因素探讨(6 学时);

③杨梅素合成及含量测定分析(4 学时);

④电子顺磁共振仪的使用原理与超氧阴离子自由基检测(4 学时);

⑤二氢杨梅素转化杨梅素作用机理分析(2 学时)。

(2)教学建议

①建议学生提前查阅杨梅素或其他黄酮类化合物的合成路线文献报道;

②建议学生提前了解二氢杨梅素的理化性质、分析方法及提取分离纯化步骤;

③建议学生讨论分析文献提出的二氢杨梅素转化杨梅素实验结果;

④建议学生讨论分析文献各因素对二氢杨梅素转化合成杨梅素的影响;

⑤建议指导教师引导学生分析表征谱图,如 EPR 和 HPLC。

(3)思考与创新

①天然二氢杨梅素或杨梅素的全合成方法是什么?

②影响二氢杨梅素合成杨梅素的其他因素是什么?

③超氧阴离子自由基与羟基自由基之间的转化条件是什么?

④二氢杨梅素酚羟基的酸性强度与杨梅素的分析比较。

11. 本科生课程教学组织、建议、思考与创新

(1)教学组织　本实验可面向新工科专业(应用化学、化工、环境工程及材料工程专业)的高年级(二年级以上)本科学生开设,共分为 4 组,每组 4～5 人,共 16 学时,分别进行以下实验内容。

①二氢杨梅素的提取分离纯化(4 学时);

②文献实验结果验证及因素探讨(8 学时);

③杨梅素合成及含量测定分析(4 学时)。

（2）教学建议

①建议学生分阶段完成,做好实验前的准备;

②建议实验递进式地完成,确保实验先后顺序的安排;

③建议指导教师在实践课堂讲授文献报道杨梅素或其他黄酮类化合物的合成路线;

④建议指导教师讲解黄酮类化合物的理化性质,并介绍 HPLC 分析方法。

（3）思考与创新

①植物源杨梅素化学合成方法与生物合成方法之间的差异性;

②杨梅素与二氢杨梅素在生物活性上的差异性,具体表现(量效关系和构效关系);

③杨梅素的天然来源有哪些? 其含量与植物的什么因素可能有关?

④在相同条件下,二氢杨梅素与杨梅素物理化学稳定性比较分析及实验设计,可从分子结构特征出发尝试解释。

12. 中学生课外活动教学组织、建议、思考与创新

（1）教学组织　本实验可面向中学化学(初级和高级中学)学生开设科技创新课外活动课程,指导学生课后如何开展青少年科学创新活动。实验内容如下。

①二氢杨梅素的提取分离纯化;

②杨梅素半合成;

③高效液相色谱仪分析测定二氢杨梅素转化杨梅素过程中各成分含量的变化。

（2）教学建议

①建议指导教师在实验活动前,给学生介绍实验的原理和目的;

②建议 2～3 人进行组队,协助完成实验内容,明确分工;

③建议学生在做实验前,先撰写实验方案,然后指导老师进行修改,并告知设计问题;

④在指导老师的协助下,学生参考教学案例中的实验内容,进行调整或改进;

⑤实验实施过程中,建议指导教师引导学生对实验操作、现象及结果进行全程记录,以便实验结果分析。

（3）思考与创新

①基于二氢杨梅素提取原理,可尝试利用相同方法对绿茶中茶多酚进行提取纯化。

②思考活性氧自由基的物理化学特性,设计如何体外模拟活性氧自由基在生命有机体内的产生、损伤及清除实验过程。

③分析二氢杨梅素或杨梅素的结构特征,思考设计二氢杨梅素或杨梅素的简易测定方法。

4.2.3 聚焦"可持续化学"视角下的重金属污水处理创新综合实验设计

1. 科研成果简介

(1)论文名称：新型生物质果胶吸附材料的制备及水溶液中铜离子(Ⅱ)吸附性能研究

(2)作者：姚元勇，何来斌，张萌，等

(3)发表期刊及时间：化学试剂，2021 年，北大中文核心期刊

(4)发表单位：铜仁学院

(5)基金资助：贵州省高层次创新型人才项目［2017-(2015)-015］；贵州省科技厅科技创新人才团队项目［黔科合平台人才(2020)5009］；铜仁市科技局平台项目［铜市科研(2019)3］

(6)研究图文摘要：

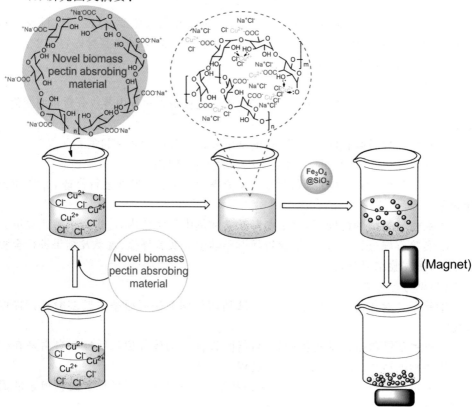

"豆腐柴叶"作为黔东地区特色生物资源之一,在民间,是常被广泛地用于生产"神仙豆腐"的主要原材料,其原理是利用叶中存储的大量果胶成分,在草木灰水溶液的作用下,使其凝固成类似于果冻块状,被少数民族聚集地当作一种特殊的饮食。实验目的:为了评价生物质果胶碱化改性吸附材料在重金属铜离子废水处理方面的吸附性能。方法:以豆腐柴叶(脱水)为原料,利用水提-醇沉法制备天然果胶,然后采用碱化改性,制备新型生物质果胶吸附材料。结果:天然果胶在 pH =9的环境中碱化改性 30 min,可制备获得具有高效吸附水体中铜离子的新型生物质果胶吸附材料,其吸附率和单位吸附量分别可达到 89.6%(0.10 g)和 105 mg/g(0.02 g)。另外,利用合成的亲水性磁性颗粒 $Fe_3O_4@SiO_2$ 负载于新型生物质果胶吸附材料,赋予了该吸附材料在磁场作用下一定的"运动能力",可有效地对水体中重金属铜离子进行回收再利用。因此,研究生物质资源在环境保护方面具有较强的实用价值,可为研究天然产物提供新的研究思路。

2. 教学案例概述

聚焦地方"可持续化学"的研究成果,以少数民族聚集地的特色资源——豆腐柴叶中高分子果胶为研究对象(图 4-17),开设了以学生为主导的"聚焦可持续化学视角下的重金属污水处理创新性应用研究"综合化学实验课程,可有效地弥补基础实验教学内容的单一化和学科知识交叉不足。本综合性实验课程内容可促使学生掌握仪器分析中的紫外-分光光度计使用方法和数据分析处理方法,同时也有助于学生将已学的相关理论课程(如分析化学、仪器分析、有机化学、材料化学及环境化学等)紧密联系起来,提高学生理论应用能力,激发他们对科研工作的兴趣。更重要的是,实验内容设计内容丰富,融合了多学科知识,可较好地培养工科学生的工程观念、工程思维、解决复杂工程问题能力和科学探究意识,符合新工科背景下工程教育课程教学改革的新要求。本实验的主要内容包括:①磁性四氧化三铁颗粒的制备与磁性能评价;②豆腐柴叶中天然果胶提取纯化及其生物质果胶碱化改性;③重金属铜离子污水处理和铜离子去除率评价。

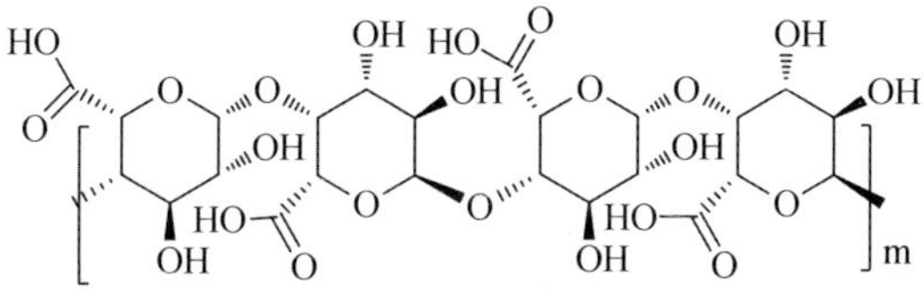

图 4-17 果胶分子结构

3. 实验目的

(1)了解磁性四氧化三铁颗粒的制备和碱化改性的生物质果胶的制备原理。

(2)了解磁性四氧化三铁颗粒负载碱化改性的生物质果胶在重金属离子废水处理方面的吸附性能原理。

(3)掌握植物中果胶水提-醇沉纯化法和生物质果胶碱化改性操作方法。

(4)重点掌握多糖类聚合物的结构特征方法和紫外-分光光度计的操作方法，以及数据处理和图谱分析。

4. 实验原理与技术路线

以碱化改性的生物质果胶在水溶液中吸附重金属铜离子的应用研究为主线，利用磁性颗粒在磁场中的运动能力，设计了磁性颗粒负载碱化改性的生物质果胶处理重金属铜离子污水，并在磁场作用下实现污水中重金属铜离子回收(图 4-18)。学生按照技术路线图，根据事先设计好的碱化改性的生物质果胶在水溶液中吸附重金属铜离子的实验方案进行实验。

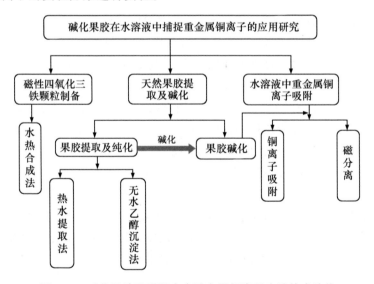

图 4-18 碱化果胶吸附污水中重金属铜离子实验技术路线

5. 实验试剂与仪器

(1)实验试剂 无水乙醇、氯化铜、EDTA、乙酸钠、乙酸、氢氧化钠、氯化铁、硫酸亚铁、异丙醇、氨水，水合肼均为分析纯(采购于上海阿拉丁生化科技股份有限公司)，铜离子标准液(3.00 g/L，$CuCl_2$，自制)，蒸馏水(实验室自制)，果胶(实验室自制），缓冲液（精密称取乙酸钠 13.23 g 溶解，加 0.3 mL 乙酸，再加入二次蒸馏水定容于 100 mL，pH＝6）。

（2）实验仪器　UV-Vis（上海棱光技术有限公司，759S）、电动机械搅拌器（上海沐轩实业有限公司，MJB-A110）、电子天平［梅特勒托利多（中国）有限公司，XPR204S/AC］、离心机（安徽中科都菱商用电器股份有限公司，DL-3021H）、恒温水浴锅（江苏新春兰科学仪器有限公司，HH-M8）、水浴恒温摇床（上海赫田科学仪器有限公司，SHZ-A）、真空冷冻干燥机（上海继谱电子科技有限公司，FD-2C-80）、超声清洗仪、圆形磁铁、秒表。

6. 实验步骤

（1）磁性 Fe_3O_4@SiO_2 颗粒制备及 IR 表征　磁性 Fe_3O_4 颗粒制备及表征实验主要包含 3 个步骤。

①铁离子（Fe^{3+}）与亚铁离子（Fe^{2+}）物料比（按摩尔比 1/1.8 计算）理论计算：称取 5.41 g $FeCl_3 \cdot 6H_2O$，溶解于 50 mL 蒸馏水中，并转移至 500 mL 的三口烧瓶中，滴加 1 mL 水合肼溶液，然后，投放 2.78 g $FeSO_4 \cdot 7H_2O$ 水溶液（50 mL），并缓慢滴加 10 mL 氨水。

②恒温反应：在连续性地机械搅拌作用下，反应体系恒温 80 ℃水浴熟化 1 h；

③磁分离洗涤：纯水与乙醇交叉洗涤至洗涤液 pH＝7，冷冻干燥。

Fe_3O_4@SiO_2 颗粒制备实验主要包含 4 个步骤：a. Fe_3O_4 颗粒分散处理。称取 0.6 g Fe_3O_4 颗粒置于三口烧瓶中，加入 10 mL 蒸馏水和 50 mL 异丙醇，超声分散 30 min，加入 10 mL 氨水匀速搅拌 5 min。b. 硅羟基包裹反应。缓慢滴加 2 mL TEOS（正硅酸乙酯），室温搅拌 12 h。c. 磁分离洗涤。磁分离，蒸馏水洗涤磁性颗粒至中性，再用无水乙醇洗涤 3 次，真空冷冻干燥，获得亲水性磁性颗粒 Fe_3O_4@SiO_2。d. IR 光谱表征。取适量的 Fe_3O_4 或 Fe_3O_4@SiO_2 纳米颗粒与干燥的溴化钾（光谱级）碾磨混匀，压片，装载，采用 FT-IR 进行扫描。

（2）果胶提取纯化　天然果胶提取纯化实验主要包括 3 个步骤：①称取 50.0 g 脱水后的豆腐柴叶，加入 150 mL 蒸馏水，恒温水浴 90 ℃，搅拌浸提 30 min，重复提取 2 次，合并滤液。②将滤液按体积比 1：2 加入无水乙醇进行沉淀，静置 1 h 后，离心分离（9000 r/min），获得固体物。③向获得的固体物中加入 50 mL 蒸馏水，并加热溶解，冷却至室温后，再加入 100 mL 乙醇沉淀，离心分离（9000 r/min），冷冻干燥，获得微黄棉絮状固体物，称量，计算产率（产率：20%～25%）。天然果胶提取纯化实验流程如图 4-19 所示。

（3）生物质果胶碱化改性吸附材料制备　生物质果胶碱化改性吸附材料制备实验主要包括 2 个步骤：①称取 0.50 g 天然果胶，放置于 500 mL 的烧杯中，然后

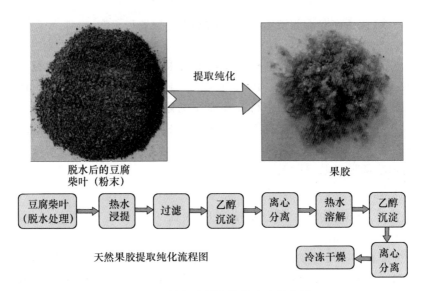

脱水后的豆腐
柴叶（粉末）

果胶

天然果胶提取纯化流程图

图 4-19 天然果胶提取纯化实验流程图

加入 100 mL 蒸馏水，加热使其完全溶解。②向冷却至室温后的天然果胶溶液缓慢滴加 1％氢氧化钠水溶液至 pH＝9，匀速搅拌一定时间，记录数据。然后，加入 100 mL 无水乙醇沉淀，离心分离，沉淀用乙醇洗涤至中性，冷冻干燥，获得生物质果胶碱化改性吸附材料。

（4）水溶液中重金属 Cu^{2+} 吸附实验 Cu^{2+} 吸附实验主要包括 2 个步骤：①Cu^{2+} 标准工作曲线绘制。取 5 个 25 mL 容量瓶，分别加入缓冲液 7.5 mL，EDTA 水溶液（0.0225 mmol/mL）12.5 mL，再分别加入 1.00、2.00、3.00、4.00、5.00 mL Cu^{2+} 标准母液（3.00 g/L）进行定容，得到浓度为 0.12、0.24、0.36、0.48、0.60 mg/mL 的系列标准溶液。在 730 nm 处进行吸光值测定，并记录数据绘制工作曲线。②材料吸附性能测试。称取 0.02、0.04、0.06、0.08、0.1 g 天然果胶或生物质果胶碱化改性吸附材料分别溶于 10 mL 水中，待完全溶解后，分别加入 20 mL（0.3 mg/mL）铜离子溶液中，恒温 50 ℃水浴振荡吸附 45 min。然后，加入 0.03 g 磁性纳米颗粒 $Fe_3O_4@SiO_2$ 继续振荡 30 min，并用磁铁进行固液分离。吸取 2 mL 上层清液，加入 3 mL 缓冲液（醋酸钠-醋酸，pH＝6）、5 mL（0.0225 mmol/mL）EDTA 溶液，振荡混匀，采用 UV-Vis 全波长扫描，记录 730 nm 处吸光度值。

铜离子吸附率计算：对上述获得的重金属铜离子溶液吸光度 A_0 和 A_1，采用下列公式计算溶液中重金属铜离子吸附率：

$$吸附率 = \frac{A_0 - A_1}{A_0} \times 100\%$$

式中:A_0 为未加吸附剂的重金属铜离子溶液吸光度;A_1 为加吸附剂后的重金属铜离子溶液吸光度。

7. 结果与讨论

(1)$Fe_3O_4@SiO_2$ 颗粒 FT-IR 分析　由于磁性 $Fe_3O_4@SiO_2$ 颗粒表面接入了大量的硅羟基(Si-OH),表现出良好的亲水性,与吸附材料负载,可提供吸附材料在磁场作用下的"运动能力",有助于重金属离子回收再利用。因此,实验采用水热法制备磁性颗粒 $Fe_3O_4@SiO_2$,并对获得的磁性颗粒 $Fe_3O_4@SiO_2$ 进行 IR 表征(图 4-20)。

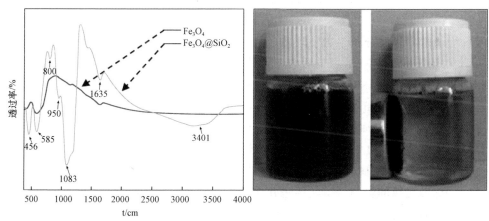

图 4-20　IR 表征磁性纳米颗粒 $Fe_3O_4@SiO_2$

由图 4-20 可知,1635 cm^{-1} 为—OH 的弯曲振动吸收峰,800、1083 cm^{-1} 分别为 Si-O-Si 对称伸缩振动吸收峰和 Si-O-Si 反对称伸缩振动吸收峰,456 cm^{-1} 为 Si-O-Si 弯曲振动吸收峰,950 cm^{-1} 为 Si-OH 的弯曲振动吸收峰,3401 cm^{-1} 为 O-H 伸缩振动吸收峰。由此说明,磁性颗粒 $Fe_3O_4@SiO_2$ 被成功制备。

(2)生物质果胶碱化改性吸附材料的 UV-Vis 分析　在生物质果胶碱化改性环节中,指导教师提醒学生,较强的碱性环境除了可有效地改性果胶,同时也可能导致果胶分子发生降解作用,失去高分子聚合物的特性,并解释果胶碱化改性的必要性。

作用时间对果胶碱化作用的影响见图 4-21。如图 4-21 所示,天然果胶分子在紫外可见分光光谱中显示的最强吸收峰位于 327 nm 处,被视为果胶分子的特征

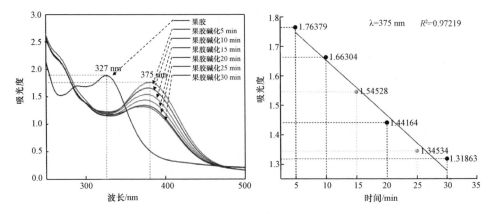

图 4-21   作用时间对果胶碱化作用的影响

吸收峰。随着果胶分子在碱性环境(pH =9)中作用时间从 0 min 延长至 5 min，可明显地观察到 327 nm 处的吸收峰红移至 375 nm 处，这是因为果胶分子中的 1，4 糖苷键(—O—CO—C)在碱性环境中被水解断裂成—OH(助色团)和—COOH(生色团)，从而引起红移现象发生。同时，还应注意到，在 375 nm 处的吸收峰强度随着碱化作用时间延长而降低，且具有较好的线性关系($R^2=0.97219$)，这可能是反应体系中果胶分子结构上的官能团羧基(—COOH)转化为羧酸钠(—COONa)导致的。

(3)生物质果胶碱化改性吸附材料对 Cu^{2+} 吸附性能评价

①标准曲线的绘制。本实验采用 UV-Vis 对水溶液中 Cu^{2+} 含量进行定量分析。实验开始前，先配制不同 Cu^{2+} 浓度溶液，然后绘制不同 Cu^{2+} 浓度与 730 nm 处吸光度的量效关系图，获得 Cu^{2+} 标准曲线如图 4-22 所示。从图中可以看出 Cu^{2+} 的浓度和对应的吸光度成正比，且 R^2 值为 0.99953，处于可信区间内，同时创建计算方程：

$$Ab=1.3753c+0.0142$$

②碱化改性果胶吸附材料吸附性能评价。在评价碱化改性果胶吸附材料对水溶液中重金属铜离子吸附能力方面，实验采用水溶液中重金属铜离子对不同碱化作用时间制备的碱化改性果胶吸附材料进行铜离子吸附性能测试，考察其吸附率及单位吸附量。实验结果显示，如图 4-23 所示，相同质量(0.10 g)不同碱化作用时间的碱化改性果胶在 0.30 mg/mL 的铜离子溶液中恒温(50 ℃)水浴振荡 45 min，然后负载亲水性磁性颗粒 $Fe_3O_4@SiO_2$，经磁分离，取上清液，测得上清液中残余铜离子量与果胶碱化作用时间呈反比关系。也就是说，果胶分子随着碱化

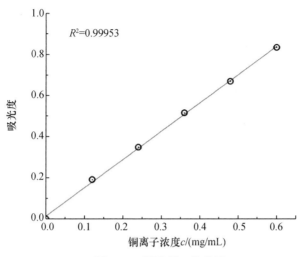

图 4-22 铜离子工作曲线

作用时间的延长（从 5 min 至 30 min），其对应的吸附率和单位吸附量均呈上升趋势，且在碱化作用时间为 30 min 时，制备的碱化改性果胶吸附材料对水溶液中铜离子吸附量接近饱和终点（吸附率 89.6% 和单位吸附量 53.9 mg/g），表现出优良的铜离子吸附能力。由此可知，碱化作用 30 min 可作为制备碱化改性果胶吸附材料的最佳碱化时间。

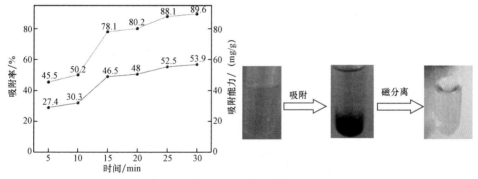

图 4-23 果胶碱化时间对铜离子的吸附效果影响

③重金属铜离子污水处理研究。本实验利用自主设计的半自动"污水处理装置"、自制的碱化改性果胶吸附材料和磁性颗粒 $Fe_3O_4@SiO_2$，开展重金属铜离子污水处理探究实验。在实验指导教师的指导下，学生应首先完成污水处理装置的

组装,并按照装置说明,放入对应的试剂和污水样品,如图 4-24 所示。

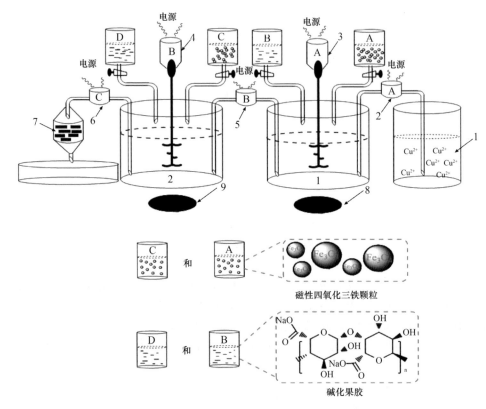

图 4-24　污水处理装置
1. 铜离子污水　2,5,6. 抽水泵　3,4. 机械搅拌器　7. 活性炭颗粒　8,9. 磁铁

污水处理装置操作步骤如下。

(1)打开抽水泵 A,将重金属铜离子污水试样抽入混合缸 **1** 中;

(2)关闭抽水泵 A,打开机械搅拌器 A,匀速搅动;

(3)打开装有碱化果胶水溶液的试剂瓶 B,继续搅动 30 min;

(4)打开试剂瓶 A,将磁性四氧化三铁纳米颗粒水溶液引入混合缸 **1** 中,继续搅动 10 min;

(5)关闭机械搅拌器 A,将磁铁靠紧混合缸 **1** 底部,静止吸附 5 min,使其溶液固体颗粒物完全沉淀,并打开抽水泵 B,将液体抽入混合缸 **2** 中;

(6)按照前五步的操作依次打开机械搅拌器 B、试剂瓶 D 和 C,搅动和静止

吸附;

(7)打开抽水泵 C,将液体转移至装有活性炭颗粒的过滤塔中,收集滤液。

本综合性实验利用自主设计的半自动"污水处理装置"探究碱化改性果胶吸附材料用量对污水中重金属铜离子的吸附能力,考察了 0.02、0.04、0.06、0.08、0.10 g 碱化改性 30 min 果胶和未碱化果胶用量对重金属铜离子吸附率的影响。实验采用重金属铜离子超标生活污水为试样(铜离子浓度为 0.30 mg/mL,500 mL)。该污水试样是实验指导教师提前准备的,其方法为:城市河道水 500 mL+0.15 g 氯化铜。然后,通过对重金属铜离子污水处理后的滤液进行铜离子含量检测,计算碱化改性果胶和未碱化果胶对铜离子的吸附率。值得提醒学生的是,本装置采用碱化果胶二次吸附方式,完成对重金属铜离子污水处理。

碱化果胶与未碱化果胶用量在"污水处理装置"上对污水中重金属铜离子的吸附影响见图 4-25。

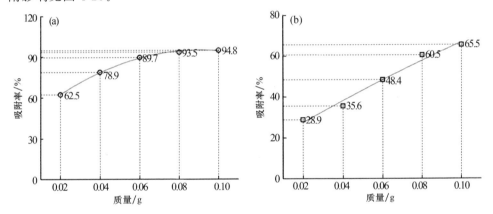

图 4-25 碱化果胶与未碱化果胶用量在"污水处理装置"上对污水中重金属铜离子的吸附影响

如图 4-25(a)所示,碱化 30 min 果胶用量在 0.02~0.10 g 范围内递增,碱化果胶对污水中铜离子吸附率可从 62.5% 提升至 94.8%,相比未使用污水处理装置而言,表现为显著地提高(0.10 g 碱化 30 min 果胶,吸附率为 88.1%)。另外,在与图 4-25(a)相同的条件下,未碱化果胶(在 0.02~0.10 g 范围内)对污水中铜离子吸附率,虽然与果胶用量呈正比,但最高吸附率仅为 65.5%,如图 4-25(b)所示。综上所述,实验结果表明,碱化果胶在"污水处理装置"上对污水中重金属离子表现出较强的吸附作用,对重金属离子污水具有较强的处理能力。

8. 结语

本实验融合了多学科知识体系,如功能材料、植物化学、分析化学及环境科学,是一个研究创新型综合化学实验，也是前期教师科研成果内容的教学转化。整个实验过程主要包括磁性 $Fe_3O_4@SiO_2$ 颗粒的制备及 FT-IR 表征、豆腐柴叶中果胶成分的提取纯化及碱化作用、污水中铜离子吸附实验和半自动"污水处理装置"平台的操作等。该综合化学实验可有效地将分析化学、仪器分析、有机化学、材料化学及环境化学等理论知识点进行有机融合，并用于实践，可提高学生的科学核心素养、创新能力及解决分析问题的能力。因此，可在地方院校新工科化工专业、材料工程专业或环境工程专业高年级本科生中开设此实验。此类探究性实验的开展，可引导学生了解材料与化工学科的前沿知识，提高学生的实验技能和科学素养。本实验的开展可为地方院校新工科专业课程内容建设提供示范案例，也可为教师科研成果转化实践教学提供重要的途径参考。

9. 参考文献：

[1] 孙莹莹."神仙豆腐"加工工艺优化[J].保鲜与加工,2017,17(2):61-67+72.

[2] 蒋立科,陈祎凡,金青,等.豆腐柴叶果胶理化性质及"神仙豆腐"制备的条件[J].食品科学,2012,33(23):138-142.

[3] 姚元勇,何来斌,张萌,等.新型生物质果胶吸附材料的制备及水溶液中铜离子(Ⅱ)吸附性能研究[J].化学试剂,2022,44(3):393-400.

[4] 刘尧飞,李霞.基于绿色发展理念的高等教育变革趋向[J].华北理工大学学报(社会科学版),2016,16(6):78-82.

[5] 赵越.基于 B/S 模式的组成原理虚拟实验系统的设计与实现[D].吉林:吉林大学,2017.

[6] 王国聘.绿色大学建设中的全球视野和本地行动[J].中国高等教育,2011,(3):17-19.

[7] 胡永红,吴邵兰,黄春神.基于 OBE 的体育教育专业人才培养模式探微——以韶关学院为例[J].韶关学院学报,2018,39(05):33-36.

[8] 曹江平,邱宏伟,梁永锋,等.基于综合素质培养的化学基础综合实验设计——以谷物中生育酚的测定实验为例[J].化学教育(中英文),2019,40(12):53-55.

[9] 王士凡,么冰,董黎明,等.基于综合素质培养的高分子综合实验设计与探索[J].实验室研究与探索,2020,39(4):164-169.

[10] 张玉娜,王倩文,张双灵.水提醇沉法提取香菇多糖的最佳工艺研究[J].青岛农业大学学报(自然科学版),2020,37(1):43-46.

10. 硕士研究生实践教学组织、建议、思考与创新

(1)教学组织　本实验可面向材料与化工工程硕士专业生物化工研究方向的学生开设,共分为 4 组,每组 1～2 人,共 24 学时。实验内容安排如下。

①磁性 $Fe_3O_4@SiO_2$ 颗粒的制备及 FT-IR 表征分析;

②天然果胶的提取及纯化;

③碱化改性生物质果胶吸附材料的制备与 UV-Vis 和 FT-IR 表征分析;

④吸附材料碱化改性时间对水溶液中铜离子吸附能力的影响;

⑤吸附材料用量对水溶液中铜离子吸附能力的影响。

(2)教学建议

①建议学生提前查阅相关生物质吸附剂文献报道;

②建议学生提前了解重金属离子污水处理方法的研究现状,理解金属离子吸附原理和类型,如物理吸附和化学吸附;

③建议学生讨论生物质果胶碱化改性时间因素过短或过长对碱化改性果胶吸附材料吸附能力的影响;

④建议学生讨论分析天然果胶与碱化改性果胶的区别;

⑤建议指导教师引导学生分析表征谱图,如 UV-Vis 和 FT-IR。

(3)思考与创新

①天然果胶来源与它们组成成分的差异性。

②天然果胶中半乳糖醛酸含量及酯化程度的确定。

③碱化改性果胶吸附材料吸附作用机制分析。

④碱化改性果胶吸附材料是否对重金属离子具有选择性吸附?

11. 本科生课程教学组织、建议、思考与创新

(1)教学组织　本实验可面向新工科专业(应用化学、化工、环境工程及材料工程专业)的高年级(二年级以上)本科学生开设,共分为 4 组,每组 4～5 人,共 14 学时,分别进行以下实验内容。

①磁性 $Fe_3O_4@SiO_2$ 颗粒的制备;

②天然果胶的提取及纯化;

③碱化改性生物质果胶吸附材料的制备;

④水中重金属铜离子吸附性能评价。

(2)教学建议

①建议学生分组协助完成;

②建议实验集中一周时间内完成；

③建议指导教师在实践课堂讲授时复习或补充实践课程中涉及到的相关反应原理及分子结构性质，如磁性 Fe_3O_4@SiO_2 颗粒的制备原理、果胶的物理化学性质及紫外-分光光度计仪器结构等知识，拓展学生的知识面；

④建议指导教师演示 origin 分析软件操作和指导完成相关谱图的数据分析。

（3）思考与创新

①制备天然果胶方法有哪些？

②制备磁性 Fe_3O_4@SiO_2 颗粒大小的控制因素是什么？

③如何制备不同形状的磁性 Fe_3O_4@SiO_2 颗粒？

④果胶与碱化改性果胶的 UV-Vis 谱图区别是什么？并解释原因。

12. 中学生课外活动教学组织、建议、思考与创新

（1）教学组织　本实验可面向中学化学（初级和高级中学）学生开设科技创新课外活动课程，指导学生课后如何开展青少年科学创新活动。实验内容如下。

①磁性 Fe_3O_4@SiO_2 颗粒的制备；

②碱化改性生物质果胶吸附材料的制备；

③利用半自动"污水处理装置"实施碱化改性果胶吸附材料对水中重金属铜离子吸附实验。

（2）教学建议

①建议在实验活动前，指导教师给学生介绍实验的原理和目的；

②建议 2～3 人进行组队，协助完成实验内容，明确分工；

③建议在学生做实验前，先撰写实验方案，然后指导老师进行修改，并告知设计问题；

④在指导老师的协助下，学生参考教学案例中半自动"污水处理装置"示意图，制作实物模型装置；

⑤实验实施过程中，建议学生进行全程录像，找到实验中操作误区。

（3）思考与创新

①基于本实验原理，在半自动"污水处理装置"实施过程中，哪些步骤有待优化？

②机械搅拌器搅动的速率过快，对碱化改性生物质果胶吸附材料吸附效果的影响是什么？

③该装置是否适应真实的重金属离子污水？

4.2.4　聚焦"药食同源"植物视角下的藤茶中二氢杨梅素口服液制备工艺及质量指标检测研究创新综合实验设计

1. 科研成果简介

(1)论文名称:藤茶中二氢杨梅素口服液制备工艺及质量指标检测研究创新综合实验设计

(2)作者:陈仕学,姚元勇,卢忠英,等

(3)发表期刊及时间:食品工业,2018 年,北大中文核心期刊

(4)发表单位:铜仁学院

(5)基金资助:黔财建(2014)348;贵州省高层次创新型人才培养项目[2017-(2015)-015];

(6)研究图文摘要:

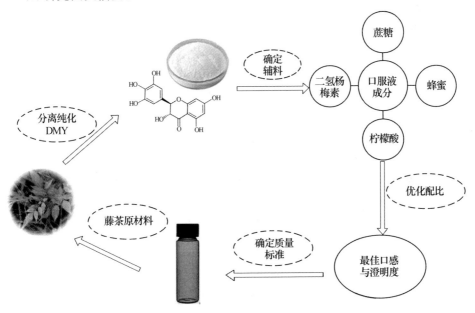

　　藤茶又名莓茶,为显齿蛇葡萄植物,是天然二氢杨梅素(DMY)成分的主要来源之一。实验表明,蛇葡萄植物内含有大量的黄酮类物质,含量可达 40%。此类物质具有清除自由基、抗氧化、抗血栓、抗肿瘤、消炎等多种奇特功效;而二氢杨梅素是较为特殊的一种黄酮类化合物,除具有黄酮类化合物的一般特性外,还具有解除醇中毒、预防酒精肝、脂肪肝、抑制肝细胞恶化、降低肝癌的发病率等作用,是保

肝护肝，解酒醒酒的良品。近年来，利用现代药剂学新技术可以将 DMY 制成脂质体、微乳、微囊、固体分散体、包合物、纳米胶束等，但 DMY 口服液的制备目前未见报道。因此，实验以梵净山藤茶为原料，采用丙酮提取法提取二氢杨梅素，以蔗糖、蜂蜜和柠檬酸为辅料，制备二氢杨梅素口服液，为 DMY 的剂型研究提供参考依据。

为了制备二氢杨梅素口服液，可先采用乙醇和丙酮提取制得二氢杨梅素，纯度达 95%，在此基础上以蔗糖、蜂蜜和柠檬酸为辅料，进行 4 因素 3 水平的正交试验。结果表明，二氢杨梅素 0.04 g、蔗糖 2.0 g、蜂蜜 1.2 g、柠檬酸 0.02 g 的添加量为二氢杨梅素口服液制备的最佳工艺，采用此工艺所得口服液的口感和澄清度最佳，均符合《中华人民共和国药典》质量检测标准。由此可知，该工艺稳定性好，合理可靠。

2. 教学案例概述

聚焦"药食同源"生物资源功能开发的研究成果，以武陵山区的特色资源——梵净山藤茶为研究对象，开设了以学生为主导的聚焦"药食同源"植物视角下的藤茶中二氢杨梅素口服液制备工艺及质量指标检测研究"综合化学实验课程，可有效地弥补基础实验教学内容的单一化和学科知识交叉不足。本综合性实验课程内容可促使学生掌握天然产物的分离纯化、DMY 口服液的制备工艺及质量评价、仪器分析中的紫外-分光光度计使用方法和数据分析处理方法等，同时，也有助于学生将已学的相关理论课程（如分析化学、仪器分析、有机化学及药剂学等）紧密联系起来，提高学生理论应用能力，激发他们对科研工作的兴趣。更重要的是，实验设计内容丰富，融合了多学科知识，学生可通过实验探究研制出具有功能性的口服液产品实物，可较好地培养工科学生的工程观念、工程思维、解决复杂工程问题能力和科学探究意识，符合新工科背景下工程教育课程教学改革的新要求。

3. 实验目的

(1)了解藤茶的主要化学成分；

(2)掌握藤茶中二氢杨梅素的提取分离、纯化方法；

(3)理解二氢杨梅素作为口服液的作用；

(4)熟悉藤茶中二氢杨梅素口服液制备工艺及质量指标检测。

4. 实验原理与技术路线

(1)实验原理　二氢杨梅素是一种黄酮类化合物，具有清除自由基、抗氧化、抗血栓、抗肿瘤和消炎等多种奇特功效，利用其具有的消炎作用做成口服液，用于预防口腔溃疡。

（2）技术路线　称取 30 g 藤茶→石油醚浸泡除脂→蒸馏水洗涤烘干→95％乙醇提取→浓缩至晶体析出→进行重结晶→口服液制备→指标检测（图 4-26）。

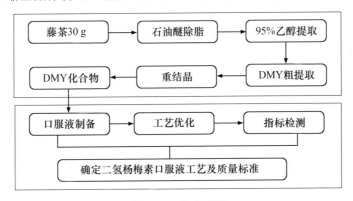

图 4-26　技术路线

5. 材料、试剂与仪器

（1）实验材料　实验材料见表 4-3。

表 4-3　实验材料

材料名称	来源
藤茶（30 g）	采于梵净山林中
蔗糖（99.8％）	/
柠檬酸（99.5％）	/
蜂蜜	自家养殖采集

（2）实验试剂　实验试剂见表 4-4。

表 4-4　实验试剂

试剂名称	生产厂家
无水乙醇（95％）	成都金山化学试剂有限公司
乙酸乙酯（99％）	成都金山化学试剂有限公司
丙酮（98％）	天津市富宇精细化工有限公司
甲苯（99％）	成都金山化学试剂有限公司
甲醇（99.5％）	天津市富宇精细化工有限公司
石油醚（99.9％）	天津市恒兴化学试剂制造有限公司

（3）仪器　实验仪器见表 4-5。

表 4-5　实验仪器

名称	规格型号	生产厂家
旋转蒸发仪	M-100	上海爱明商贸有限公司
暗箱式紫外分析仪	AIpha-1860A	上海谱元仪器有限公司
循环水式多用真空泵	SHB-IIIG	郑州长城科工贸有限公司
磁力搅拌电热套	98-Ⅱ-B	天津市泰斯特仪器有限公司
医用低速离心机	KR800	常州市康仁医疗器械有限公司
电热鼓风干燥箱	DHG-9070A	常州普天仪器制造有限公司

6. 实验步骤

（1）二氢杨梅素的提取、分离纯化　称取 30g 藤茶，用 90 mL 石油醚浸泡 3 h，抽滤后用蒸馏水洗去石油醚，烘干。加入 300 mL 95％乙醇，60℃水浴加热 1 h，重复 3 次，合并滤液，浓缩至晶体析出。加入 300 mL 蒸馏水水浴加热至 80 ℃，静置过夜。抽滤后 45 ℃烘干，得 DMY 粗品。往 DMY 粗品中加入 40 mL 丙酮，溶解，抽滤，滤液浓缩至晶体析出，加入 700 mL 蒸馏水，水浴加热 75 ℃，溶解，抽滤，滤液于 0～4 ℃条件下重结晶，至晶体析出干燥备用。

（2）口服液的制备工艺条件优化　以口服液的澄清度、颜色和口感为评分标准，以二氢杨梅素用量 0.03、0.04、0.05、0.06 和 0.07 g，蜂蜜用量 1.0、1.1、1.2、1.3 和 1.4 g，柠檬酸用量 0.02、0.03、0.04、0.05 和 0.06 g，蔗糖用量 1.0、1.5、2.0、2.3 和 2.5 g 进行单因素实验。在单因素基础上，采用 $L_9(3^4)$ 正交设计实验，确定最佳工艺参数。

（3）口服液制备

配液：根据最佳工艺优化条件称取各自用量，加入纯化水，65 ℃加热溶解，配制成 100 mL 二氢杨梅素口服液。

离心：低速离心 20 min，过滤，灌装于 C 型玻璃瓶中，每瓶装入 10 mL，进行灯检。

灭菌：在 121.3 ℃条件下高压蒸汽灭菌 30 min，密封备用。

（4）口服液指标检测　根据《中国药典》2015 版中合剂的质量检测标准，对所制得的二氢杨梅素口服液从感官指标、微生物、装量差异、pH 和相对密度进行质量检测。

（5）口服液中 DMY 含量测定

①标准曲线绘制。精确称取 5.2 mg 二氢杨梅素对照品,放于 50 mL 容量瓶中,加甲醇稀释至刻度线,分别移取上述对照品溶液 0.00、0.25、0.50、0.75、1.00 和 1.25 mL,分别置于 10 mL 容量瓶中,加入 10 mL 5% AlCl$_3$,用甲醇定容。于 314 nm 波长处分别测定吸光度。以二氢杨梅素浓度 C 为横坐标,吸光度 A 为纵坐标,得标准曲线:$A = 98.62857C + 0.01386$, $R^2 = 0.99715(n = 5)$,曲线见图 4-27。

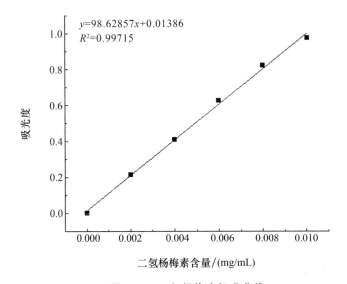

图 4-27　二氢杨梅素标准曲线

②样品含量测定。分别量取样品 10 mL 5 批,定容于 50 mL 容量瓶中,量取 1 mL 溶液,定容于 50 mL 容量瓶中,根据标准曲线,计算得二氢杨梅素口服液中的含量。

③精密度实验。准确称取二氢杨梅素 7.7 mg 放于 50 mL 容量瓶内,摇匀,移取 10 mL 溶液于另一只 50 mL 容量瓶中,摇匀,在 314 nm 处平行测定 5 次,取平均值。

④稳定性测定。精确量取 3 mL 供试液,每隔 1h 取样,在 314 nm 处平行测定 5 次,取平均值。

⑤回收率实验。分别精确移取 1 mL 样品于 5 只 50 mL 容量瓶中,加入二氢杨梅素标准品 0.7 mg,加水定容,平行测定 5 次,取平均值。

加样回收率＝（测出对照品总量－取样相当对照品量）/添加此对照品量×100％。

7. 结果与分析

（1）口服液制备工艺　根据口服液指标检测的操作,感官评分方法:以香味、口感、状态、色泽4项为评定指标,采用百分制对实验产品进行感官评分,结果如表4-6所示。

表 4-6　二氢杨梅素口服液感官评分标准

指标	标准	分值
香味（25分）	具有蜂蜜香味,无异味	15～25
	无香味,有明显异味	0～15
色泽（25分）	无色或微黄色	15～25
	颜色过深	0～15
口感（25分）	蜂蜜味突出,酸甜	15～25
	蜂蜜味不突出,有涩味	0～15
状态（25分）	无浑浊,无沉淀,澄清	15～25
	浑浊,有沉淀	0～15

（2）单因素实验

①二氢杨梅素的最佳用量选择。不同DMY用量制成口服液的品质分析见表4-7。

表 4-7　不同 DMY 用量制成口服液的品质分析

DMY 用量/g	香味	色泽	状态	口感	评分
0.03	无	无色	澄清	微甜	80
0.04	无	无色	澄清	略甜	95
0.05	无	微黄	澄清	略甜微苦	87
0.06	无	微黄	澄清	略苦	75
0.07	无	微黄	澄清	略苦	75

由表4-7得知,二氢杨梅素的最佳用量为0.04 g。

②5.2.4 蔗糖的最佳用量选择。不同蔗糖用量制成口服液的品质分析见表4-8。

表 4-8　不同蔗糖用量制成口服液的品质分析

蔗糖用量/g	香味	色泽	状态	口味	评分
1.0	蜂蜜香	微黄	无色	略甜	78
1.5	蜂蜜香	微黄	无色	较甜	80
2.0	蜂蜜香	微黄	无色	酸甜	95
2.3	蜂蜜香	微黄	无色	甜	85
2.5	蜂蜜香	微黄	无色	很甜	75

由表 4-8 得到,蔗糖的最佳用量为 2.0 g。

③5.2.2 蜂蜜的最佳用量选择。不同蜂蜜用量制成口服液的品质分析见表 4-9。

表 4-9　不同蜂蜜用量制成口服液的品质分析

蜜蜂用量/g	香味	色泽	状态	口感	评分
1.0	无	无色	澄清	略甜微涩	75
1.1	无	无色	澄清	略甜	82
1.2	蜂蜜香	无色	澄清	酸甜	95
1.3	香味较浓	淡黄	澄清	酸甜	85
1.4	香味太浓	淡黄	澄清	酸甜	84

由表 4-9 得知,蜂蜜的最佳用量为 1.2 g。

④5.2.3 柠檬酸的最佳用量选择。不同柠檬酸用量制成口服液的品质分析见表 4-10。

表 4-10　不同柠檬酸用量制成口服液的品质分析

柠檬酸用量/g	香味	色泽	状态	口味	评分
0.02	蜂蜜香	微黄	无色	较甜	83
0.03	蜂蜜香	微黄	无色	酸甜	95
0.04	蜂蜜香	微黄	无色	酸甜略涩	85
0.05	蜂蜜香	微黄	无色	酸甜	92
0.06	蜂蜜香	微黄	无色	酸	78

由表 4-10 得知,柠檬酸的最佳用量为 0.03 g。

（3）正交试验。表 4-11 和表 4-12 分别为正交因素水平和正交试验结果。

表 4-11　正交因素水平

g

水平	因素			
	ADYM 用量	B 蔗糖用量	C 蜂蜜用量	D 柠檬酸用量
1	0.03	1.5	1.1	0.02
2	0.04	2	1.2	0.03
3	0.05	2.5	1.3	0.04

表 4-12　正交试验结果

实验号	因素				
	ADMY 用量/g	B 蔗糖用量/g	C 蜂蜜用量/g	D 柠檬酸用量/g	评分
1	1	1	1	1	90
2	1	2	2	2	92
3	1	3	3	3	88
4	2	1	2	3	93
5	2	2	3	1	95
6	2	3	1	2	90
7	3	1	3	2	91
8	3	2	1	3	95
9	3	3	2	1	90
k_1	90.000	91.333	91.667	91.667	
k_2	92.667	94.000	91.667	91.000	
k_3	92.000	89.333	91.333	92.000	
R	2.667	4.667	0.334	1.000	

由表 4-11 和表 4-12 可知,配制口服液的最佳工艺组合为 $A_2B_2C_2D_1$,即 DMY 用量 0.04 g,蔗糖用量 2.0 g,蜂蜜用量 1.2 g,柠檬酸用量 0.02 g,各因素影响的主次顺序为:B＞A＞D＞C,即蔗糖用量＞DMY 用量＞柠檬酸用量＞蜂蜜用量。

（4）验证实验　为验证二氢杨梅素口服液最佳配方的稳定性和可靠度,根据上述最佳工艺条件:二氢杨梅素用量 0.04 g、蔗糖用量 2.0 g、蜂蜜用量 1.2 g、柠檬酸用量 0.02 g 配成口服液,以感官和口感为评价指标进行综合评价,重复验证 5 次,取平均值,结果如表 4-13 所示。

表 4-13　验证实验结果

序号	状态	口感	颜色	评分	平均数	RSD%
1	澄清	酸甜	无色	95		
2	澄清	酸甜	几乎无色	93		
3	澄清	酸甜	无色	97	95.2	1.558
4	澄清	酸甜	无色	95		
5	澄清	酸甜	无色	96		

由表 4-13 得出,平均得分 95.2 分,RSD 为 1.56%,表明该工艺所制得口服液口感、性状、状态稳定可靠。

(5)口服液质量指标检测　根据口服液指标检测的方法对其口服液从感官指标、微生物、pH 和相对密度进行质量检查。

①感官指标检测。色泽:无色;状态:澄清透明有光泽液体;酸甜适中,无异味。

②微生物指标测定。将二氢杨梅素口服液在 121.3 ℃下高压蒸汽灭菌 30 min,观察感官指标(色泽、状态),将口服液放在 37 ℃和相对湿度为 75%的恒温培养箱中保温 7 d。观察二氢杨梅素口服液的感官变化,并测定菌落数总数。结果为:细菌数≤100 个/mL,霉菌及酵母菌≤50 个/mL,大肠杆菌未检出。菌落总数的测定:按 GB/T4789.2—2003《食品卫生微生物学检验菌落总数测定》进行。由表 4-14 可知,菌落总数≤50 CFU/mL,霉菌数和酵母菌数≤10 CFU/mL,大肠杆菌数为 0。所以,二氢杨梅素口服液的微生物指标按照口服液的质量标准皆符合其质量要求。

表 4-14　口服液主要微生物检查

项目	检查结果
菌落总数/(CFU/mL)	≤50
霉菌数/(CFU/mL)	≤10
酵母菌数/(CFU/mL)	≤10
MPN(大肠杆菌最可能数)	0

③pH 测定。随机从样品中选取 5 个二氢杨梅素口服液样品,使用 pH 计分别测定其 pH,结果见表 4-15。由表 4-15 可知,口服液 pH 的平均值为 4.52,则可拟定二氢杨梅素口服液 pH 为 4.52。

表 4-15　pH 测定

序号	1	2	3	4	5	平均值
pH	4.52	4.51	4.51	4.53	4.52	4.518

④相对密度测定。随机从样品中选取 5 个二氢杨梅素口服液样品，分别使用比重计测定其相对密度，结果见表 4-16。由表 4-16 可知，口服液的相对密度平均值为 1.02，则可拟定二氢杨梅素口服液相对密度为 1.02。

表 4-16　相对密度测定

序号	1	2	3	4	5	平均值
相对密度	1.01	1.02	1.02	1.01	1.02	1.016

（6）口服液中 DMY 含量测定

①样品含量测定。根据 DMY 含量测定的方法，通过标准曲线回归方程计算得二氢杨梅素口服液平均含量为 0.3 mg/mL。

②精密度实验。根据 DMY 含量测定的方法，在 314 nm 处平行测定 5 次，得 RSD 值为 0.624%（$n=5$），说明该方法精密度良好。

③稳定性测定。根据 DMY 含量测定的方法，在 314 nm 处平行测定 5 次，结果显示：样品在 4 h 内稳定性良好，RSD 值为 0.33%（$n=5$）。

④回收率实验。根据 DMY 含量测定的方法，平行测定 5 次，结果如表 4-17 所示。

表 4-17　二氢杨梅素回收实验结果

序号	已知量/mg	添加量/mg	测得量/mg	平均值/%	RSD/%
1	0.3	0.7065	1.0023		
2	0.3	0.7070	1.0020		
3	0.3	0.7101	1.0089	0.7069	0.2763
4	0.3	0.7052	1.0011		
5	0.3	0.7055	1.0012		

由此得出，回收率为 99.6%，RSD 值为 1.82%（$n=5$），结果表明该方法的准确度良好。

8. 结语

本文以藤茶为原料，经乙醇、丙酮提取多次得二氢杨梅素样品，纯度达 95%；

用蔗糖、蜂蜜、柠檬酸作为添加剂制备了二氢杨梅素口服液。实验融合了多学科知识体系,如有机化学、分析化学及药剂学,是一个研究创新型综合化学实验,也是前期教师科研成果内容的教学转化。整个实验过程主要包括二氢杨梅素的分离纯化、口服液的制备工艺条件优化、口服液指标检测、口服液中 DMY 含量测定等一系列实验操作,工艺稳定可靠,得到符合《中国药典》质量检测标准的口服液产品。该综合化学实验可有效地将多学科理论知识点进行有机融合,并用于实践,可提高学生的科学核心素养、创新能力及解决分析问题的能力。因此,可在地方院校新工科化工专业或制药工程专业高年级本科生中开设此实验。此类探究性实验的开展,可引导学生了解材料与化工学科的前沿知识,提高学生的实验技能和科学素养。本实验的开展可为地方院校新工科专业课程内容建设提供示范案例,也可为教师科研成果转化实践教学提供重要的途径参考。

9. 参考文献

[1] 兰成生,蓝树彬. 二氢杨梅素研究进展[J]. 中国民族民间医药杂志,2008,17(12):18-21.

[2] 杨志坚,袁弟顺,陈凌华,等. 藤茶中二氢杨梅素的研究概况[J]. 中国茶叶加工,2010(1):20-22.

[3] 侯小龙,王文清,施春阳,等. 二氢杨梅素药理作用研究进展[J]. 中草药,2015,46(4):603-609.

[4] 刘艳红,李驰荣,李丹丹,等. 二氢杨梅素结构及剂型修饰的研究进展[J]. 日用化学工业,2015,45(9):518-522.

[5] 向东,熊微,侯小龙,等. 二氢杨梅素制剂新技术与新剂型的研究进展[J]. 2016,47(4):689-694.

[6] 严赞开. 二氢杨梅素的分离研究进展[J]. 安徽农业科学,2008,36(34):14834-14836.

[7] 占春瑞,廖燕燕,李海燕,等. 二氢杨梅素分析用标准样品制备及结构分析[J]. 现代食品科技,2009,25(10):1124-1128.

[8] 谭斌,周双德,张友胜. 二氢杨梅素纯化方法的比较研究[J]. 现代食品科技,2008,24(7):630-634.

[9] 李宇伟,连瑞丽. 正交试验法优选双黄连口服液制备工艺研究[J]. 中国农学通报,2009,25(16):25-27.

[10] 谢蓉蓉,张德志,李欢,等. 正交优化枳椇子中二氢杨梅素的提取工艺[J]. 海峡药学,2013,25(2):8-10.

[11] 吕金胜,陈雅,李群英. 正交设计优选复方天麻口服液制备工艺[J]. 医

药导报,2006,25(11):1187-1188.

[12] 高燕霞,张哲峰. 对《中国药典》中药品溶液澄清度检查法的商榷[J]. 中国药事,1997,11(5):52-53.

[13] 刘颖,郁建平. 二氢杨梅素分散片制备工艺及质量控制[J]. 山地农业生物学报,2014,33(1):24-27.

[14] 何桂霞,裴刚,周天达,等. 薄层扫描法测定藤茶中二氢杨梅素的含量[J]. 中国现代应用药学,2000,17(4):275-277.

[15] 亢露平,唐建,杨善彬,等. 赶黄草口服液质量标准研究[J]. 重庆师范大学学报(自然科学版),2016,33(2):123-126.

[16] 田洋,史崇颖,穆颖超,等. 乌鸡天麻口服液的研制[J]. 食品研究与开发,2015,36(13):50-54.

[17] 梁琍,邱岚,张良. 响应面法对超声波提取藤茶二氢杨梅素工艺的优化[J]. 湖北农业科学,2015,54(2):416-420.

10. 硕士研究生实践教学组织、建议、思考与创新

(1)教学组织　本实验可面向材料与化工工程硕士专业生物化工研究方向的学生开设,共分为 4 组,每组 1～2 人,共 18 学时,分 4 次课完成。实验内容安排如下。

①藤茶二氢杨梅素的提取(2 学时);

②藤茶二氢杨梅素的分离纯化(4 学时);

③藤茶二氢杨梅素口服液的工艺条件优化(6 学时);

④藤茶二氢杨梅素口服液的理化性检测(6 学时)。

(2)教学建议

①建议学生提前查阅藤茶中已知化学成分、相关结构式和生物酶 XOD 的活性位点;

②建议学生提前了解二氢杨梅素的提取、分离纯化方法;

③建议学生讨论影响生物酶的因素,并结合酶催化反应分析可能存在的结合位点。

(3)思考与创新

①二氢杨梅素在体外 XOD 生物活性上的差异性可能是什么因素导致的?

②二氢杨梅素与酶相结合后,如何确定它们的结合方式和结合位点?

③二氢杨梅素与其他类似物是否具有相同的生物活性?

④二氢杨梅素与 XOD 结合怎么实现酶活性的抑制?

11. **本科生课程教学组织、建议、思考与创新**

(1)教学组织　本实验可面向新工科专业(化工、制药、食品工程专业)的高年级(二年级以上)本科学生开设,共分为4组,每组4~5人,共16学时,分别进行以下实验内容。

①藤茶二氢杨梅素的提取(2学时);

②藤茶二氢杨梅素的分离纯化(4学时);

③藤茶二氢杨梅素口服液的工艺条件优化(4学时);

④藤茶二氢杨梅素口服液的理化性检测(6学时)。

(2)教学建议:

①建议学生分组协助完成;

②建议采用水、醇提取对比;

③建议教师在课前准备实物或图片供学生学习,增加感性认识;

④建议教师查阅相关文献,让学生知道藤茶中的有效成分,讲解各有效成分的作用以及对人体的作用,其中要突出其多糖的作用;

⑤建议教师向学生介绍提取其二氢杨梅素的方法,讨论如何有效提高提取率。

(3)思考与创新

①在提取二氢杨梅素时如何测定其含量或提取率?

②如何提高二氢杨梅素的提取率?

12. **中学生课外活动教学组织、建议、思考与创新**

(1)教学组织　本实验可面向中学化学(初级和高级中学)学生开设科技创新课外活动课程,指导学生课后如何开展青少年科学创新活动。实验内容如下。

①二氢杨梅素的提取;

②二氢杨梅素口服液的制备工艺。

(2)教学建议

①建议指导教师在实验活动前,给学生介绍实验的原理和目的,尽量结合生活案例进行讲解,如高尿酸、痛风等相关内容;

②建议在进行二氢杨梅素提取时,讨论如何提高其提取率等。

③建议在学生做实验前,指导教师先进行预实验,了解清楚实验过程中存在的关键步骤和要素,并撰写适合中学生实验的设计方案;

④在指导老师的协助下,学生参考教学案例完成二氢杨梅素的提取,计算提取率,对实验中存在的问题进行讨论,分析可能存在的原因。

（3）思考与创新

①学生可通过单因素和正交试验方法设计二氢杨梅素口服液的制备工艺优化实验，筛选出较优的因素组合；

②藤茶作为药食同源的代表之一，是否具有降尿酸作用值得探索，并讨论与其类似的物质是否也具有相同或更加优异的生物活性；

③人体高尿酸的成因与哪些因素有关，可组织学生开展实地调研分析，如记录身边患高尿酸的亲戚或朋友的生活习惯（饮食、作息时间、运动类型及时间等），并加以分析，撰写调研报告和指导意见。

附　　录

本书融合了项目式人才培养模式,充分地发挥了以项目科学研究内容为导向,以学生毕业论文、国家级、省级大创项目立项及实施、全国大学生挑战杯、创新创业及互联网＋竞赛等形式为方式,实现了一批相关专业(制药工程和化学工程与工艺)本科生高质量的培养。同时,在项目建设期内,本项目培养了一部分具有较高科学核心素养的学生,并获得继续深造机会。

附表1　近5年指导大学生创新创业训练项目立项统计

序号	项目负责人	项目名称	立项级别	立项时间	指导教师
1	王云洋	梵净山藤茶内生菌发酵生产氨基酸的工艺研究	省级	2018年	陈仕学、姚元勇
2	袁利军	功能性纳米磁球的制备工艺研究	省级	2018年	姚元勇、陈仕学
3	黄玉	藤茶中二氢杨梅素对胃蛋白酶的活性影响研究	省级	2019年	陈仕学
4	王世青	铜仁不同处理方式茶叶对茶多糖的含量影响分析	省级	2021年	陈仕学、张迅
5	冯影	铜仁石阡不同茶叶中茶多酚含量测定及产率对比研究	省级	2021年	陈仕学、张萌
6	龙洋	儿茶素单体体外黄嘌呤氧化酶抑制实验的研究	省级	2021年	陈仕学
7	吴涛	腺苷脱氨酶的模型构建及抑制作用	国家级	2021年	姚元勇
8	罗小兵	一种新型二氢杨梅素体外检测试剂盒的研发	国家级	2023年	姚元勇

附表 2　近 5 年指导学生参加各类学科竞赛获奖情况

序号	负责人姓名	比赛名称	级别/等次	团队成员	获奖时间	指导教师
1	袁利军	"酚"享健康，与您"酮"行项目，第十届全国大学生电子商务"创新、创意及创业"挑战赛贵州赛区省级选拔赛	省级一等奖	王云洋、王光明、秦馨	2019	姚元勇、陈仕学
2	王光明	"一方酮酚"项目，第十届全国大学生电子商务"创新、创意及创业"挑战赛贵州赛区省级选拔赛	省级特等奖	黄玉、王铭芬、杨宇、付代花	2020	陈仕学、姚元勇
3	付代花	西部区域经济开发——"土家神茶"，第六届中国国际互联网＋大学生创新创业大赛贵州省赛	省级铜奖	龙洋、何来斌、冯影	2020	姚元勇、陈仕学
4	付代花	"黄嘌呤氧化酶活性免疫检测试剂盒"，第十七届挑战杯贵州省大学生课外学术科技作品竞赛	省级三等奖	龙洋、张艳、王世青、吴涛	2021	姚元勇、陈仕学
5	张艳	"青春之响"项目，第十二届全国大学生电子商务"创新、创意及创业"挑战赛贵州赛区	校级特等奖	张桂英、吴琳琳、姚亚梅、王玉凤	2022	姚元勇、陈仕学
6	张艳	"青春之响"项目，在第十二届全国大学生电子商务"创新、创意及创业"挑战赛贵州赛区	省级二等奖	张桂英、吴琳琳、姚亚梅、王玉凤	2022	姚元勇、陈仕学
7	吴涛	"新型黄嘌呤氧化酶活性免疫检测试剂盒的研制与应用"，第十三届"挑战杯"贵州省大学生创业计划竞赛	省级一等奖	张艳、姚亚梅、罗小兵、文发丽	2022	陈仕学、姚元勇、张萌
8	吴琳琳	"新型黄嘌呤氧化酶活性免疫检测试剂盒的研制与应用"，第八届中国国际"互联网"＋大学生创新创业大赛贵州省赛	省级铜奖	张艳、赖金梅、杨再源	2022	陈仕学、姚元勇、张萌

续附表2

序号	负责人姓名	比赛名称	级别/等次	团队成员	获奖时间	指导教师
9	吴涛	"天然二氢杨梅素抑制嘌呤氧化酶生物活性综合评价与作用机制研究"第十八届"挑战杯"全国大学生课外学术科技作品竞赛	省级一等奖	张艳、付代花、李佳佳	2023	姚元勇、张萌、胡美忠
10	谢清文	"梵净山珍·健康养生"品牌策略研究第十八届"挑战杯"全国大学生课外学术科技作品竞赛	省级二等奖	杨开琴、杨胜美、熊小仪	2023	陈仕学、姚元勇、梁浩
11	韦兴绞	第十八届"挑战杯"全国大学生课外学术科技作品竞赛	省级二等奖	韦忠艳、王小丽、汪霞	2023	陈仕学、姚元勇、夏浩
12	王玉凤	构建生物医药和大健康产业全产业链路径调查与研究"新型黄嘌呤氧化酶活性免疫检测试剂盒的研制与应用"	省级三等奖	张桂英、吴琳琳、陈慧、汪霞	2023	张萌、姚元勇、陈仕学
13	何来斌	第十八届"挑战杯"全国大学生课外学术科技作品竞赛荣获铜仁学院最高学生奖"明德学生奖"	校级最高奖"明德学生奖"	王云洋、周仙、马永慧、陈德权	2020	陈仕学
14	付代花	省级优秀大学生	省级	无	2022	姚元勇